JN101353

スバラシク強くなると評判の

元気が出る 数学III・C Part2

Part2
新課程

馬場敬之

MATHEMA

マセマ出版社

◆ はじめに ◆

　みなさん，こんにちは。マセマの**馬場敬之(ばばけいし)**です。理系で受験する際，その**合否を左右する**のは，**数学Ⅲ·C**だと言ってもいい位，数学Ⅲ·Cは重要科目なんだね。何故なら，これから解説する数学Ⅲ·Cでは，"平面ベクトル"，"空間ベクトル"，"複素数平面"，"式と曲線"，"数列の極限"，"関数の極限"，"微分法とその応用"，そして"積分法とその応用"と，理系受験生にとって，重要テーマが目白押しだからなんだね。

　この内容豊富な数学Ⅲ·Cを，誰でも楽しく分かりやすくマスターできるように，この『元気が出る数学Ⅲ·C Part2 新課程』を書き上げたんだね。

　そして，この「**Part2**」では，数学Ⅲ·Cの重要な後半の"関数の極限"から"微分法とその応用"，"積分法とその応用"について解説する。

　本格的な内容ではあるけれど，**基本から親切に解説している**ので，初めて数学Ⅲ·Cを学ぶ人，授業を受けても良く理解できない人でも，この本で**本物の実力を身に付ける**ことが出来る。

　今はまだ数学Ⅲ·Cに自信が持てない状況かもしれないね。でも，まず「**流し読み**」から入ってみるといいよ。よく分からないところがあっても構わないから，全体を通し読みしてみることだ。これで，まず**数学Ⅲ·Cの全体のイメージをとらえる**ことが大切なんだね。でも，**数学にアバウトな発想は通用しない**んだね。だから，その後は，各章毎に公式や考え方や細かい計算テクニックなど…分かりやすく解説しているので，解説文を**精読してシッカリ理解**しよう。また，この本で取り扱っている例題や絶対暗記問題は，キミ達の実力を大きく伸ばす**選りすぐりの良問**ばかりだから，これらの問題も**自力で解く**ように心がけよう。これで，**数学Ⅲ·Cを本当に理解した**と言えるんだね。

　でも，人間は忘れやすい生き物だから，**繰り返し精読して解く練習が必要**になるんだね。この反復練習は回数を重ねる毎に早く確実になっていくはずだ。大切なことだから以下にまとめて示しておこう。

（Ⅰ）まず，流し読みする。

（Ⅱ）解説文を精読する。

（Ⅲ）問題を自力で解く。

（Ⅳ）繰り返し精読して解く。

この**4つのステップ**にしたがえば，**数学 III・C の基礎から比較的簡単な応用まで完璧にマスターできる**はずだ。

　この『元気が出る数学 III・C Part2 新課程』をマスターするだけでも，高校の**中間・期末対策**だけでなく，**易しい大学なら合格できる**だけの実力を養うことが出来る。教科書レベルの問題は言うに及ばず，これまで手も足も出なかった**受験問題**だって，基本的なものであれば，**自力で解ける**ようになるんだよ。どう？やる気が湧いてきたでしょう。

　さらに，マセマでは，**数学アレルギーレベルから東大・京大レベルまで，**キミ達の実力を無理なくステップアップさせる**完璧なシステム**（マセマのサクセスロード）が整っているので，やる気さえあれば自分の実力をどこまでも伸ばしていけるんだね。どう？さらにもっと元気が出てきたでしょう。

　授業の補習，中間・期末対策，そして**2次試験対策**など，目的は様々だと思うけれど，この『元気が出る数学 III・C Part2 新課程』で，**キミの実力を飛躍的にアップ**させることが出来るんだね。

　マセマのモットーは，「"数が苦"を"数楽"に変える」ことなんだ。だから，キミもこの本で数学 III・C が得意科目になるだけでなく，数学の楽しさや面白さも実感できるようになるはずだ。

　マセマの参考書は非常に読みやすく分かりやすく書かれているんだけれど，その本質は，大学数学の分野で**「東大生が一番読んでいる参考書！」**として知られている程，**その内容は本格的**なものなんだよ。
(「キャンパス・ゼミ」シリーズ販売実績 2021 年度大学生協東京事業連合会調べによる)

　だから，安心して，この『元気が出る数学 III・C Part2 新課程』で勉強してほしい。これまで，マセマの参考書で，キミ達のたくさんの先輩方が夢を実現させてきた。今度は，**キミ自身がこの本で夢を実現させる番**なんだね。

　みんな準備はできた？それでは早速講義を始めよう！

マセマ代表　馬場 敬之

◆ 目 次 ◆

◆講◆義◆❶ **関数の極限**（**数学 III**）

§1. 分数関数・無理関数のグラフの形状をつかもう！ ……………… **8**

§2. さまざまな関数の極限をマスターしよう！ ………………… **18**

§3. 関数の連続性と中間値の定理も押さえよう！ ………………… **34**

● 関数の極限　公式エッセンス ………………………………… **40**

◆講◆義◆❷ **微分法とその応用**（**数学 III**）

§1. さまざまな公式を駆使して，導関数を求めよう！ …………… **42**

§2. 微分計算の応用にもチャレンジしよう！ …………………… **56**

§3. 微分法を，接線と法線に利用しよう！ ……………………… **64**

§4. 複雑な関数のグラフの概形も直感的につかめる！ ………… **74**

§5. 微分法は方程式・不等式にも応用できる！ ………………… **88**

§6. 速度・加速度，近似式もマスターしよう！ ………………… **98**

● 微分法とその応用　公式エッセンス ………………………… **106**

4

◆講◆義◆3◆ 積分法とその応用 (数学Ⅲ)

§1. 積分計算のテクニックをマスターしよう！ ················ **108**

§2. 定積分を，区分求積法や関数の決定に利用しよう！ ········ **128**

§3. 積分で面積・体積・曲線の長さが計算できる！ ············ **146**

● 積分法とその応用　公式エッセンス ····················· **168**

◆頻出問題にトライ・解答＆解説 ························· **169**

◆ *Term・Index* (索引) ····························· **176**

- ▶ 分数関数・無理関数

- ▶ 三角関数の極限

- ▶ 自然対数の底 e の極限

- ▶ 関数の連続性，中間値の定理

講義① 関数の極限

§1. 分数関数・無理関数のグラフの形状をつかもう！

さぁ，これから "元気が出る数学 III・C Part2" の最初のテーマ "**関数の極限**" の解説に入ろう。まず，分数関数や無理関数，それに逆関数や合成関数について教えよう。

● 分数関数・無理関数は，平行移動が決め手だ！

まず，一般に，関数 $y = f(x)$ が与えられたとき，これを x 軸方向に p，y 軸方向に q だけ平行移動した関数は，次の公式で得られる。

関数の平行移動

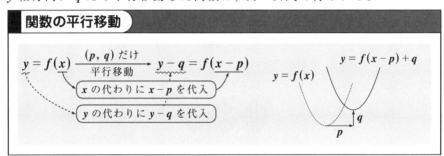

この平行移動が，これから解説する分数関数や無理関数でも重要な役割を演じるんだよ。それでは，**分数関数**からいくよ。これには，次の公式で示すように，基本形と標準形がある。

分数関数

（I）基本形：$y = \dfrac{k}{x} \ (x \neq 0)$ 　　（II）標準形：$y = \dfrac{k}{x - p} + q$

基本形 $y = \dfrac{k}{x}$ を (p, q) だけ平行移動したもの

分数関数の基本形：$y = \dfrac{k}{x}$ は，定数 k の符号によって，グラフの形が大きく 2 通りに分類できる。

図 1（ i ）$k > 0$ のとき　　（ ii ）$k < 0$ のとき

$y = \dfrac{k}{x}$　　$y = \dfrac{k}{x}$

図1の(ⅰ) $k>0$, (ⅱ) $k<0$ のときの基本形のグラフの形状をまず頭に入れてくれ。そして，これを x 軸方向に p，y 軸方向に q だけ平行移動したものが，(Ⅱ)の標準形：$y=\dfrac{k}{x-p}+q$

だったんだよ。$k>0$ のときの，基本形と標準形のグラフを図2に示す。

図2

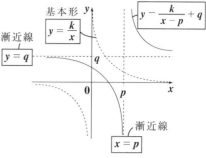

それでは，次に**無理関数**の公式を書いておこう。これも，(Ⅰ)基本形と，それを平行移動した(Ⅱ)標準形の2つを覚えるんだよ。

無理関数

(Ⅰ) 基本形：$y=\sqrt{ax}$　　(Ⅱ) 標準形：$y=\sqrt{a(x-p)}+q$

基本形 $y=\sqrt{ax}$ を (p, q) だけ平行移動したもの

無理関数の基本形：

$y=\sqrt{ax}$ も，a の符号によって大きく2通りのグラフに分かれるんだよ。

図3

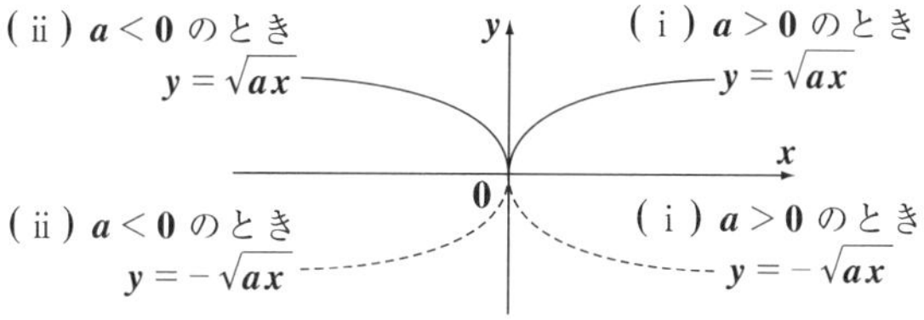

(ⅰ) $a>0$ のとき $\sqrt{}$ 内は0以上でないといけないから $ax\geqq0$。よって，図3のように $x\geqq0$
にグラフが出てくる。

(ⅱ) $a<0$ のときも，$ax\geqq0$ より，$x\leqq0$ だね。よって，このとき $y=\sqrt{ax}$ は，
$x\leqq0$ の範囲に出てくるんだ。

また，(ⅰ) $a>0$, (ⅱ) $a<0$ のときの，$y=-\sqrt{ax}$ のグラフ（x 軸に関して対称なグラフ）についても，図3に点線で示しておいた。

そして，これらを，(p, q) だけ平行移動したものが，(Ⅱ)の標準形で，図4には，$a>0$ のときの基本形 $y=\sqrt{ax}$ を平行移動した標準形のグラフを示す。

図4

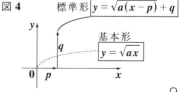

● 逆関数は，元の関数と直線 $y=x$ に関して対称なグラフになる！

関数 $y=f(x)$ が

$\begin{cases} (\text{i}) \ 1 \text{ 対 } 1 \text{ 対応である場合，と} \\ (\text{ii}) \ 1 \text{ 対 } 1 \text{ 対応でない場合} \end{cases}$

のグラフを，図 5 に示すよ。

図 5

(i) 1 対 1 対応だ！   (ii) 1 対 1 対応ではない！

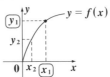 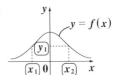

(i) のように，1 つの y の値 (y_1) に
対して，ある x の値 (x_1) が対応し，かつ $x_1 \neq x_2$ のとき $y_1 \neq y_2$ となる
とき，**1 対 1 対応**といい，

(ii) そうでないとき，1 対 1 対応ではない，というんだよ。

ここで，$y=f(x)$ が 1 対 1 対応のとき $y=f(x)$ の**逆関数**は，次のように
定義できる。

■ 逆関数の公式

$y=f(x)$ が，1 対 1 対応のとき，

元の $y=f(x)$ の x と y を入れ替えたもの

$y=f(x)$ $\xleftarrow{\text{逆関数}}$ $x=f(y)$

$y=f(x)$ と $y=f^{-1}(x)$ は，直線 $y=x$ に関して対称なグラフになる。

これを，$y=(x \text{ の式})$ の形に変形

$y=f^{-1}(x)$

逆関数 $f^{-1}(x)$ の完成！

◆例題 1◆

$f(x)=\sqrt{x-2} \ (x \geqq 2, \ y \geqq 0)$ の逆関数を求めよ。

解答　$y=f(x)=\sqrt{x-2} \ (x \geqq 2, \ y \geqq 0)$ は，1 対 1 対応より，

$y=\sqrt{x}$ を $(2, 0)$ 平行移動したもの

この逆関数は，x と y をチェンジ！　$x=\sqrt{y-2} \geqq 0$

$x=\sqrt{y-2} \ (y \geqq 2, \ x \geqq 0)$

この両辺を 2 乗して，

$x^2 = y-2$

∴ 求める逆関数は，

$y=f^{-1}(x)=x^2+2 \ (x \geqq 0)$ ……(答)

図 6　$y=f^{-1}(x)=x^2+2$

$y=x$

$y=f(x) = \sqrt{x-2}$

$y=f(x)$ と $y=f^{-1}(x)$ は直線 $y=x$ に関して対称なグラフだ！

● 合成関数って，直航便!?

2つの関数 $t = f(x)$, $y = g(t)$ が与えられたとするよ。すると，

(i) $t = f(x)$ で，$x \rightarrow t$

(ii) $y = g(t)$ で，$t \rightarrow y$

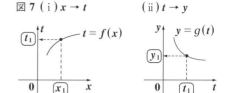

図7 (i) $x \rightarrow t$　　(ii) $t \rightarrow y$

へと，対応しているんだね。つまり，具体的には，x に x_1 の値が代入されると，$t = f(x)$ によって，t_1 の値が決まり，これを $y = g(t)$ の t に代入すると，y_1 が決定されるんだね。図7(i), (ii) を見てくれ。

これをさらに，図**8**のように模式図で示すこともできるよ。これを，x から f という飛行機に乗って，t に行き，t から g という飛行機に乗って y に行くと見ると，t という中継点を経由せずに，直接 x から y に行くこともできるんだね。この直航便が**合成関数** $y = g(f(x))$ と呼ばれるものなんだよ。

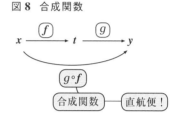

図8　合成関数

> これを，$y = g \circ f(x)$ と書いたりもする。

▌ 合成関数の公式

$t = f(x)$……⑦ , $y = g(t)$……① のとき，
⑦を①に代入して，$y = g(f(x))$ の合成関数が導かれる。

同じ合成関数でも，$y = g(f(x))$ と，$y = f(g(x))$ がまったく異なることを次の例題で，理解できると思う。

◆例題 2 ◆

$y = f(x) = \sqrt{x}$, $y = g(x) = x^2 + 1$ のとき，**2** つの合成関数
(i) $g(f(x))$ と (ii) $f(g(x))$ を求めよ。

解答　$f(x) = \sqrt{x}$, $g(x) = x^2 + 1$ より

(i) $g(f(x)) = \{f(x)\}^2 + 1 = (\sqrt{x})^2 + 1 = x + 1$ ……………(答)

(ii) $f(g(x)) = \sqrt{g(x)} = \sqrt{x^2 + 1}$ ……………………………………(答)

どう？ この違いがわかった？

11

● 関数には，3種類がある！

　高校数学では，あまりキチンと解説されていないけれど，ここで関数の基本についても教えておこう。

　関数とは，2つの集合 A，B について，集合 A の要素と集合 B の要素との対応関係のことなんだね。この関数の定義を下に示そう。

関数の定義

集合 A から集合 B への対応の規則を f とおく。
集合 A の任意の要素に対して，集合 B の要素を 1 つずつ対応させるとき，この対応の規則 f を，集合 A から集合 B への関数といい，
$f : A \longrightarrow B$ などと表す。

したがって，集合 A のすべての要素 a に対して，関数 f により，ただ 1 つの B の要素 b が決まるとき，$b = f(a)$ などと表し，b を a の "像" といい，a は b の "原像" という。

　また，関数 f にとって，A を "定義域" と呼び，B の内，f によるすべての像の集合を "値域" と呼ぶことも覚えておこう。

ここで，定義域 A の 1 つの要素に対応する値域 B の像はただ 1 つであるので，右図に示すように，A の要素である a_1，a_2 について，a_1 が b_1 と b_2 の 2 つの像をもったり，a_2 が b_1 と b_3 と b_4 の 3 つの像をもつような，すなわち，1 対多の対応関係は関数とは呼ばないんだね。

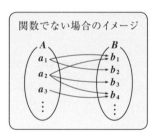

　関数には，次に示す 3 種類が存在する。

(Ⅰ) "上への関数"

(Ⅱ) "1 対 1 の関数"

(Ⅲ) "1 対 1 対応"

これらの関数については，具体的な例と図を使って解説していこう。

12

(Ⅰ) 上への関数 f について，たとえば，2つの集合 $A = \{1,\ 2,\ 3,\ 4,\ 5\}$，$B = \{2,\ 4,\ 6\}$ について，図1に示すように，関数 f の対応が，$f(1) = f(3) = 2$，$f(2) = f(5) = 4$，$f(4) = 6$ であるとき，集合 B のすべての要素 2, 4, 6 には必ず

図1 上への関数 f

1つ以上の原像が存在する。このように値域 B の任意 (すべて) の要素が原像をもつような関数 f を，"**上への関数**"と呼ぶ。前述したように，1対多の対応は一般に関数ではないが，今回の例の2対1のように，多対1の対応関係は，関数としてあり得るんだね。

(Ⅱ) 1対1の関数 f について，2つの集合 $A = \{1,\ 2,\ 3,\ 4\}$ と $B = \{2,\ 4,\ 6,\ 8,\ 10,\ 12\}$ について，図2に示すように，関数 f による対応が，$f(1) = 4$，$f(2) = 8$，$f(3) = 6$，$f(4) = 12$ であるとき，定義域 A の異なる要素はそれぞ

図2 1対1の関数 f

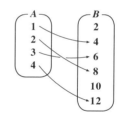

れ B の異なる要素に1対1に対応していることが分かる。よって，このような関数を"**1対1の関数**"というんだね。

しかし集合 B の要素の中には，2と10が原像をもっていない。つまり，これは"**上への関数**"ではないということなんだね。

ここまでは大丈夫？ では次に，関数の中で最も重要な"**1対1対応**"について，もう1度正確に解説しておこう。

(Ⅲ) **1 対 1 対応** f について,

2 つの集合 $A = \{1,\ 2,\ 3,\ 4,\ 5\}$ と

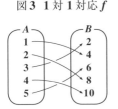

図3　1 対 1 対応 f

$B = \{2,\ 4,\ 6,\ 8,\ 10\}$ について,

図 3 に示すように, f による対応が,

$f(1) = 4,\ f(2) = 8,\ f(3) = 2,$

$f(4) = 10,\ f(5) = 6$ であるとき,

定義域 A の異なる要素はそれぞれ

集合 B の異なる要素に 1 対 1 に対応しているので, これはまず "**1 対 1 の**
関数" と言える。そして, 今回は集合 B のすべての要素に対して原像が
存在するので, "**上への関数**" でもある。

　このように "**上への 1 対 1 の関数**" のことを "**1 対 1 対応**" というんだね。
それでは, 1 対 1 対応 f の定義を下に示そう。

> ### ■ 1 対 1 対応 f
>
> 関数 $f : A \longrightarrow B$ について, $a,\ a_1,\ a_2 \in A$, $b \in B$ とするとき,
> (ⅰ) B の任意の要素 b に対して, $b = f(a)$ となる原像 a ← 上への関数
> 　が存在し, かつ,
> (ⅱ) $a_1 \neq a_2$ ならば, $f(a_1) \neq f(a_2)$ が成り立つとき, ← 1 対 1 の関数
> 　関数 $b = f(a)$ は, "**1 対 1 対応**" であるという。

　まず, (ⅰ) の条件は, 値域 B のすべての要素 b が原像 a をもつので, "**上へ**
の関数" を表し, (ⅱ) の条件は, $a_1 \neq a_2$ ならば, これらの像 $f(a_1)$ と $f(a_2)$ も
$f(a_1) \neq f(a_2)$ となるので, "**1 対 1 の関数**" を表している。

　そして, (ⅰ) と (ⅱ) が成り立つ, すなわち $b = f(a)$ が (ⅰ) 上への関数であり,
かつ (ⅱ) 1 対 1 の関数であるとき, これを "**1 対 1 対応**" というんだね。
納得いった? では例題をやっておこう。

> ### ◆ 例題 3 ◆
>
> 次の関数 $f(x)$ が, 上への関数か, 1 対 1 の関数か, 1 対 1 対応かを調べよ。
> (1) $y = f(x) = \sin x$ 　$(0 \leqq x \leqq \pi,\ 0 \leqq y \leqq 1)$
> (2) $y = f(x) = 2x + 4$

解答

(1) $y = f(x) = \sin x$ $(0 \leqq x \leqq \pi,\ 0 \leqq y \leqq 1)$

について，右図に示すように，

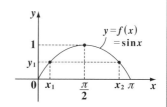

(ⅰ) 領域 $0 \leqq y \leqq 1$ の範囲内の任意の y_1 に

対して，定義域 $0 \leqq x \leqq \pi$ の範囲の原

像 x_1 が存在する。← 上への関数

(ⅱ) 次に，右図のように，$x_1 \neq x_2$ ではあるが，

$\sin x_1 = \sin x_2$，すなわち $f(x_1) = f(x_2) = y_1$ となる場合がある。

← 1 対 1 の関数でない

以上 (ⅰ)(ⅱ) より，$y = f(x) = \sin x$ $(0 \leqq x \leqq \pi,\ 0 \leqq y \leqq 1)$ は上への関数

ではあるが，1 対 1 の関数ではない。したがって，1 対 1 対応でもない。

(2) $y = f(x) = 2x + 4$ について，右図

に示すように，

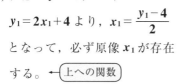

(ⅰ) 任意の y_1 に対して，

$y_1 = 2x_1 + 4$ より，$x_1 = \dfrac{y_1 - 4}{2}$

となって，必ず原像 x_1 が存在

する。← 上への関数

(ⅱ) $x_1 \neq x_2$ のとき，$2x_1 + 4 \neq 2x_2 + 4$

より，$f(x_1) \neq f(x_2)$ となる。← 1 対 1 の関数

以上 (ⅰ)(ⅱ) より，$y = f(x) = 2x + 3$ は，"**上への 1 対 1 の関数**"，すなわち

1 対 1 対応である。

どう？ これで，(Ⅰ) 上への関数，(Ⅱ) 1 対 1 の関数，(Ⅲ) 1 対 1 対応につい

ても，区別できるようになったでしょう？

2つのグラフが2つの共有点をもつ条件

曲線 $y = \sqrt{x-1}$ と直線 $y = x + a$ が異なる2つの共有点をもつような a の値の範囲を求めよ。　　　　　　　　　　　　　　　（工学院大＊）

ヒント！　これは無理関数と直線のグラフを描いて，図形的な位置関係をつかんだ上で計算すると，楽になるよ。

解答＆解説

$y = \sqrt{x}$ を $(1, 0)$ だけ平行移動したもの

$$\begin{cases} y = \sqrt{x-1} & \cdots\cdots ① \\ y = x + a & \cdots\cdots ② \end{cases}$$

傾き1の直線

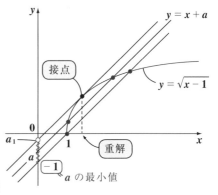

図より，①と②が接するときの a の値を a_1 とおくと，求める a の値の範囲は，$-1 \le a < a_1$ となるのがわかる。
①，②より，y を消去して，

$\sqrt{x-1} = x + a$　　この両辺を2乗して

$x - 1 = (x+a)^2$, $x - 1 = x^2 + 2ax + a^2$

$\underset{a}{\boxed{1}} \cdot x^2 + (\underset{b}{\boxed{2a-1}})x + \underset{c}{\boxed{a^2+1}} = 0 \cdots\cdots③$

①と②が接するとき，③は重解をもつ。

∴ 判別式 $D = \boxed{(2a-1)^2 - 4 \cdot (a^2+1) = 0}$　$[D = b^2 - 4ac]$

$\cancel{4a^2} - 4a + 1 - \cancel{4a^2} - 4 = 0$,　$4a = -3$

∴ $a = \boxed{-\dfrac{3}{4}}$　これが，求めたかった a_1 の値だ！

以上より，①と②が異なる2つの共有点をもつための a の値の範囲は，

$-1 \le a < -\dfrac{3}{4}$ $\cdots\cdots\cdots\cdots\cdots\cdots\cdots\cdots\cdots\cdots\cdots\cdots\cdots\cdots\cdots\cdots\cdots\cdots\cdots\cdots\cdots\cdots$（答）

16

逆関数と合成関数

絶対暗記問題 2	難易度 ★	CHECK1	CHECK2	CHECK3

2 つの関数 $y = f(x) = \dfrac{2x+3}{x+1}$ $(x \neq -1, \ y \neq 2)$, $y = g(x) = x+2$ **がある。**

このとき，逆関数 $f^{-1}(x)$, **合成関数** $f(g(x))$ **を求めよ。** （日本大 ＊）

ヒント！ $y = f(x)$ は，1 対 1 対応の関数だから，x と y を入れ替えて，$y = (x\text{の式})$ の形にすれば，$f^{-1}(x)$ が求まる。次に，合成関数 $f(g(x))$ は，$f(x)$ の x に $g(x)$ を代入すれば求まるよ。

解答 & 解説

$y = f(x) = \dfrac{2x+3}{x+1}$ ……①, $y = g(x) = x+2$ ……②

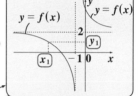

$y = \dfrac{2(x+1)+1}{x+1} = \dfrac{1}{x+1} + 2$: これは，分数関数の標準形だ！

①の $y = f(x)$ は，**1 対 1 対応**より，その逆関数は，

$x = \dfrac{2y+3}{y+1}$ ← ①の x と y を入れ替えた！ ← これを，$y = f^{-1}(x)$ の形にする。

$x(y+1) = 2y+3 \qquad xy + x = 2y+3$

$(x-2)y = -x+3$

$\therefore$ 求める逆関数 $f^{-1}(x) = \dfrac{-x+3}{x-2}$ $(x \neq 2, \ y \neq -1)$ ……………………(答)

次に，求める合成関数 $f(g(x))$ は，

$f(g(x)) = \dfrac{2g(x)+3}{g(x)+1} = \dfrac{2(x+2)+3}{x+2+1} = \dfrac{2x+7}{x+3}$ $(x \neq -3)$ ………………(答)

頻出問題にトライ・1	難易度 ★★	CHECK1	CHECK2	CHECK3

$0 \le x \le \dfrac{\pi}{2}$ **のとき，** $P = \dfrac{3\cos 2x - 2\sin^2 x + 7}{2\cos^2 x + 1}$ **の最小値を求めよ。**

（大同工大）

解答は **P169**

§2. さまざまな関数の極限をマスターしよう！

関数の基本の解説が終わったので，いよいよ本格的な"関数の極限"について解説しよう。ここでは，"三角関数"，"指数・対数関数"など，さまざまな関数の極限について，学習する。エッ？ちょっと難しそうって？でも，そんなに心配しなくてもいいよ。前にやった，"数列の極限"と似た部分も結構あるから，勉強しやすいと思う。

● ちょっとズレれば，大富豪か大借金王!?

数列の極限では，$n \to \infty$ の極限が中心だったけれど，関数の極限では，連続型の変数 x が，$x \to \infty$ だけでなく，$x \to 0$ や $x \to 2$ の極限など，様々な場合がある。ここで，たとえば，$x \to 2$ という場合，次の2通りの2への近づき方があるんだよ。

(i) $x \to 2+0$ ← $x = 2.00\cdots01$ のように，2より大きい側から2に近づくことを表す！

(ii) $x \to 2-0$ ← $x = 1.999\cdots$ のように，2より小さい側から2に近づくことを表す！

そして，ただ $x \to 2$ と書くと，このいずれの状態も含んでいるんだよ。

◆例題4◆

関数の極限 (1) $\displaystyle\lim_{x \to 2+0} \frac{1}{x-2}$，(2) $\displaystyle\lim_{x \to 2-0} \frac{1}{x-2}$ を調べよ。

解答

$\dfrac{1}{+0} \to +\infty$ だ！

(1) $\displaystyle\lim_{x \to 2+0} \frac{1}{\boxed{x-2}} = +\infty$ ← これは大富豪！

$\boxed{2.00\cdots01}$　$\boxed{+0.00\cdots01}$　……(答)

$\dfrac{1}{0.1} = 10,\ \dfrac{1}{0.01} = 100,\ \dfrac{1}{0.001} = 1000,$

$\cdots$より，$\dfrac{1}{+0.00\cdots01} \to +\infty$ に発散する。

同様に，$\dfrac{1}{-0.00\cdots01} \to -\infty$ に発散する。

大富豪 $+\infty$

$y = \dfrac{1}{x}$ を，$(2, 0)$ 平行移動したもの

$y = \dfrac{1}{x-2}$

$-\infty$ ← 大借金王

18

(2) $\displaystyle \lim_{x \to 2-0} \frac{1}{\boxed{x}-2} = -\infty$ ……(答)

$\boxed{1.9999\cdots}$　$\boxed{-0.00\cdots01}$

$\dfrac{1}{-0} \to -\infty$ だね

これは大借金王！

大富豪と大借金王の様子はグラフを見るとよくわかると思う！

● $\dfrac{0}{0}$ の不定形も，イメージを押さえよう！

　数列の極限では，$\dfrac{\infty}{\infty}$ の不定形を解説したけれど，関数の極限ではこれに加えて，$\dfrac{0}{0}$ の不定形の極限の問題もよく出てくるんだよ。これは分母・分子共に 0 に近づいていく，動きのあるものなんだけれど，そのある瞬間をパチリと撮ったイメージ (スナップ写真) を，下に示そう。

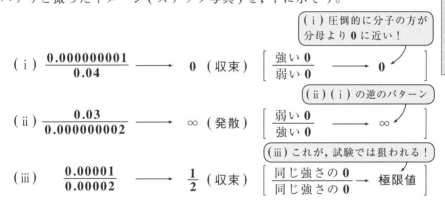

(i) 圧倒的に分子の方が分母より 0 に近い！

(i) $\dfrac{0.000000001}{0.04} \longrightarrow 0$ (収束)

$\left[\dfrac{\text{強い } 0}{\text{弱い } 0} \longrightarrow 0 \right]$

(ii) (i) の逆のパターン

(ii) $\dfrac{0.03}{0.000000002} \longrightarrow \infty$ (発散)

$\left[\dfrac{\text{弱い } 0}{\text{強い } 0} \longrightarrow \infty \right]$

(iii) これが，試験では狙われる！

(iii) $\dfrac{0.00001}{0.00002} \longrightarrow \dfrac{1}{2}$ (収束)

$\left[\dfrac{\text{同じ強さの } 0}{\text{同じ強さの } 0} \longrightarrow \text{極限値} \right]$

分子と分母の 0 に近づいていくスピード (強さ) によって，

(i) 0 に収束したり，

(ii) ∞ に発散したり，そして

(iii) ある値に収束したりするんだね。

これは，$\dfrac{\infty}{\infty}$ の不定形のときと同様だから，その意味がわかると思う。

それでは，ここで，$\dfrac{0}{0}$ の不定形の簡単な例題を 1 題解いておこう。

極限 $\lim\limits_{x \to 3}\dfrac{\sqrt{x+6}-3}{x-3}$ を求めよ。

解答

$x+6-9=x-3$

$$\lim_{x \to 3}\frac{\sqrt{x+6}-3}{x-3}=\lim_{x \to 3}\frac{(\sqrt{x+6}-3)(\sqrt{x+6}+3)}{(x-3)(\sqrt{x+6}+3)}$$

これは，$x \to 3+0$，$x \to 3-0$ の両方を含む！

$x \to 3$ のとき，$\dfrac{\sqrt{x+6}-3}{x-3} \longrightarrow \dfrac{\sqrt{3+6}-3}{3-3}=\dfrac{0}{0}$ の不定形だね。こういうときは，$\sqrt{x+6}+3$ を分母・分子にかけると，うまくいくよ。

$$=\lim_{x \to 3}\frac{x-3}{(x-3)(\sqrt{x+6}+3)}$$

$\dfrac{0}{0}$ の要素が消えた！

イメージ $\dfrac{0.0001}{0.0006}$

$$=\lim_{x \to 3}\frac{1}{\sqrt{x+6}+3}=\frac{1}{\sqrt{9}+3}=\frac{1}{6} \quad \cdots\cdots\cdots\cdots\text{(答)}$$

● これが，三角関数の極限公式だ！

それでは，いよいよ，本格的な "**関数の極限**" の話に入ろう。まず，次の 3 つの三角関数の極限公式を頭に入れてくれ。

三角関数の極限公式

(1) $\lim\limits_{\theta \to 0}\dfrac{\sin\theta}{\theta}=1$ (2) $\lim\limits_{\theta \to 0}\dfrac{\tan\theta}{\theta}=1$ (3) $\lim\limits_{\theta \to 0}\dfrac{1-\cos\theta}{\theta^2}=\dfrac{1}{2}$

（θ の単位はすべて**ラジアン**）$\longleftarrow$ $180°=\pi$（ラジアン）

(1)，(2)，(3) はいずれも $\dfrac{0}{0}$ の不定形だけど，それぞれ，1，1，$\dfrac{1}{2}$ に収束することを覚えておこう。

(1) の $\lim\limits_{\theta \to 0}\dfrac{\sin\theta}{\theta}=1$ の公式は，半径 1，

中心角 θ の扇形の面積と，2 つの三角形の面積の大小関係から，導ける。

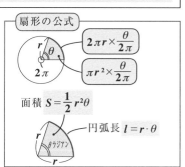

扇形の公式

$2\pi r \times \dfrac{\theta}{2\pi}$

$\pi r^2 \times \dfrac{\theta}{2\pi}$

面積 $S=\dfrac{1}{2}r^2\theta$

円弧長 $l=r\cdot\theta$

図 9 より, $S_1 = \dfrac{1}{2} \cdot 1 \cdot \sin\theta$, $S_2 = \dfrac{1}{2} \cdot 1^2 \cdot \theta$

図 9

$S_3 = \dfrac{1}{2} \cdot 1 \cdot \tan\theta$ だね。明らかに, 　扇形の面積公式

$\underset{(ア)}{S_1} \leqq \underset{}{S_2} \leqq \underset{}{S_3}$ $[\triangle \leqq \triangle \leqq \triangle]$ より,

$\dfrac{1}{2}\sin\theta \leqq \dfrac{1}{2}\theta \leqq \dfrac{1}{2}\tan\theta$ 　各辺を2倍して

$\boxed{\underset{(ア)}{\sin\theta} \leqq \boxed{\theta} \leqq \underset{(イ)}{\dfrac{\sin\theta}{\cos\theta}}}$ 　$\left(0 < \theta < \dfrac{\pi}{2}\right)$

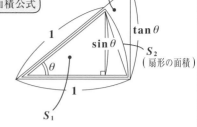

$0 < \theta < \dfrac{\pi}{2}$ より, $\sin\theta > 0$, $\cos\theta > 0$ だね。よって,

(ア) $\sin\theta \leqq \theta$ より, $\dfrac{\sin\theta}{\theta} \leqq 1$

(イ) $\theta \leqq \dfrac{\sin\theta}{\cos\theta}$ より, $\cos\theta \leqq \dfrac{\sin\theta}{\theta}$

以上 (ア)(イ) より, $\cos\theta \leqq \dfrac{\sin\theta}{\theta} \leqq 1$ $\left(0 < \theta < \dfrac{\pi}{2}\right)$ ……①

(i) ここで, $\theta \to +0$ のとき, 　θを⊕側から0に近づける。つまり, $\theta = +0.00\cdots01$ のこと。

　　　　　$\cos 0 = 1$

$\displaystyle\lim_{\theta \to +0} \boxed{\cos\theta} \leqq \lim_{\theta \to +0} \dfrac{\sin\theta}{\theta} \leqq 1$ となって, $\displaystyle\lim_{\theta \to +0}\dfrac{\sin\theta}{\theta}$ が, 1 と 1 とではさみ

打ちされる。よって, $\displaystyle\lim_{\theta \to +0}\dfrac{\sin\theta}{\theta} = 1$

(ii) 次に, $\theta < 0$ のとき, $-\theta > 0$ より, $-\theta$ を①の θ に代入して,

　　　　　　　　　　$-\sin\theta$

$\boxed{\cos(-\theta)} \leqq \dfrac{\boxed{\sin(-\theta)}}{-\theta} \leqq 1$ より, $\cos\theta \leqq \dfrac{\sin\theta}{\theta} \leqq 1$ となって,

$\boxed{\cos\theta}$

①と同様の式が導ける。

　ここで, $\theta \to -0$ のとき, 　$\theta < 0$ より, θを⊖側から0に近づける。

$$\lim_{\theta \to -0} \underbrace{(\cos\theta)}_{\cos\theta = 1} \le \lim_{\theta \to -0} \frac{\sin\theta}{\theta} \le 1 \ \text{となり, 同様のはさみ打ちにより}$$

$$\lim_{\theta \to -0} \frac{\sin\theta}{\theta} = 1 \ \text{となる。} \qquad \boxed{\theta \to \pm 0 \ \text{のいずれでもよい!}}$$

以上 (ⅰ)(ⅱ) より, (1) の公式 $\lim\limits_{\theta \to 0} \dfrac{\sin\theta}{\theta} = 1$ が導けた!

(2), (3) の公式は, (1) の結果から, 簡単に導ける。

(2) $\displaystyle\lim_{\theta \to 0} \underbrace{\frac{\tan\theta}{\theta}}_{\frac{\sin\theta}{\cos\theta}} = \lim_{\theta \to 0} \underbrace{\boxed{\frac{\sin\theta}{\theta}}}_{1\ ((1)\ \text{の公式!})} \cdot \underbrace{\frac{1}{\boxed{\cos\theta}}}_{1} = 1 \times \frac{1}{1} = 1$ で, オシマイ。

(3) $\displaystyle\lim_{\theta \to 0} \frac{1 - \cos\theta}{\theta^2} = \lim_{\theta \to 0} \overbrace{\frac{(1 - \cos\theta) \cdot (1 + \cos\theta)}{\theta^2 \cdot (1 + \cos\theta)}}^{1 - \cos^2\theta = \sin^2\theta}$ $\boxed{\begin{array}{l}\text{分母・分子に}\\ 1 + \cos\theta \\ \text{をかけた!}\end{array}}$

$$= \lim_{\theta \to 0} \underbrace{\left(\boxed{\frac{\sin\theta}{\theta}}\right)^2}_{1\ ((1)\ \text{の公式!})} \cdot \frac{1}{1 + \underbrace{\boxed{\cos\theta}}_{1}} = 1^2 \times \frac{1}{1 + 1} = \frac{1}{2} \ \text{と導ける!}$$

$\boxed{\begin{array}{l}\text{文字は, } \theta \text{ でも}\\ x \text{ でも, 何でも}\\ \text{かまわない!}\end{array}}$

ここで, $\displaystyle\lim_{x \to 0} \boxed{\frac{\sin x}{x}} = 1$ $\boxed{\begin{array}{c}\text{イメージ}\\ \dfrac{0.0001}{0.0001}\end{array}}$ より, その逆数をとっても $\displaystyle\lim_{x \to 0} \boxed{\frac{x}{\sin x}} = 1$ $\boxed{\begin{array}{c}\text{イメージ}\\ \dfrac{0.0001}{0.0001}\end{array}}$ となるよ。

$\boxed{\text{これも公式}}$

同様に, $\displaystyle\lim_{x \to 0} \boxed{\frac{\tan x}{x}} = 1$ $\boxed{\begin{array}{c}\text{イメージ}\\ \dfrac{0.0001}{0.0001}\end{array}}$ より, $\displaystyle\lim_{x \to 0} \boxed{\frac{x}{\tan x}} = 1$ $\boxed{\begin{array}{c}\text{イメージ}\\ \dfrac{0.0001}{0.0001}\end{array}}$ となるし, また,

$\boxed{\text{これも公式}}$

$\displaystyle\lim_{x \to 0} \boxed{\frac{1 - \cos x}{x^2}} = \frac{1}{2}$ $\boxed{\begin{array}{c}\text{イメージ}\\ \dfrac{0.0001}{0.0002}\end{array}}$ より, その逆数の極限は, $\displaystyle\lim_{x \to 0} \boxed{\frac{x^2}{1 - \cos x}} = 2$ $\boxed{\begin{array}{c}\text{イメージ}\\ \dfrac{0.0002}{0.0001}\end{array}}$ となるのもい

$\boxed{\text{これも公式}}$

いね。

● 自然対数の底 e の極限もマスターしよう！

$\displaystyle\lim_{x\to\infty}\left(1+\frac{1}{x}\right)^{x}$ の極限を調べると

これは極限値をもち，

$$\lim_{x\to\infty}\left(1+\frac{1}{x}\right)^{x}=\boxed{2.7182\cdots\cdots}^{e}$$

となる。この無理数 $2.7182\cdots\cdots$ を
e とおいて，これを，**自然対数の底**
というんだよ。これは，$x\to-\infty$ の
ときも，同じ e に収束するので，次
の e の極限の公式が成り立つ。

$\left(1+\dfrac{1}{x}\right)^{x}$ の値は

（ⅰ）$x=10$ のとき

$\left(1+\dfrac{1}{10}\right)^{10}=2.59\cdots$

（ⅱ）$x=100$ のとき

$\left(1+\dfrac{1}{100}\right)^{100}=2.70\cdots$

（ⅲ）$x=1000$ のとき

$\left(1+\dfrac{1}{1000}\right)^{1000}=2.71\cdots$

となって，$x\to\infty$ にすると

$\left(1+\dfrac{1}{x}\right)^{x}$ は $2.7182\cdots$

の値に限りなく近づく。

---

e に近づく極限の公式

$$(1)\ \lim_{x\to\pm\infty}\left(1+\frac{1}{x}\right)^{x}=e \qquad (2)\ \lim_{h\to 0}(1+h)^{\frac{1}{h}}=e$$

(1) の公式から，(2) の公式は，次のように導けるよ。

$\displaystyle\lim_{x\to\pm\infty}\left(1+\frac{1}{x}\right)^{x}=e$ について，$x=\dfrac{1}{h}$ とおくと，$h=\dfrac{1}{x}$ となる。

ここで，$x\to\pm\infty$ のとき，$\overset{\frac{1}{x}}{\boxed{h}}\to 0$ より，

$$\lim_{x\to\pm\infty}\left(1+\underset{h}{\overset{\frac{1}{x}}{\boxed{\frac{1}{x}}}}\right)^{\overset{\frac{1}{h}}{\boxed{x}}}=\lim_{h\to 0}(1+h)^{\frac{1}{h}}=e$$ となるんだね。

　このeを底にもつ対数 $\log_{e}x$ を**自然**
対数と呼び，一般に自然対数は $\log x$ と
書いて，底 e を書くことを省略する。
$y=\log x$ のグラフを図10に示す。底
$\overset{2.7}{\boxed{e}}>1$ より，当然このグラフは，単調増
加型のグラフになる。ここで，$\log 1=0$，
$\log e=1$ となることも大丈夫だね。$\overset{}{\underbrace{\quad}}$ $\boxed{\because\ e^{0}=1}$

$\boxed{\because\ e^{1}=e}$

図10　自然対数のグラフ

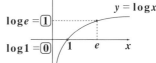

自然対数の底 e は "**ネイピア数**" とも呼ばれ，グラフ的には次のような意味を持っているんだよ。図 **11**(ⅰ)(ⅲ) に示すように，

$$\begin{cases} (\,ⅰ\,)\ y = 2^x\ \text{の点}\ (\mathbf{0, 1})\ \text{における接線の傾きは}\ \mathbf{1}\ \text{より小さく，} \\ (ⅲ)\ y = 3^x\ \text{の点}\ (\mathbf{0, 1})\ \text{における接線の傾きは}\ \mathbf{1}\ \text{より大きい。} \end{cases}$$

よって，ある指数関数 $y = a^x$ の点 $(\mathbf{0, 1})$ における接線の傾きがちょうど **1** となるものがあるはずで，その a の値をネイピア数 e とおいたんだね。当然，$2 < e < 3$ となる。図 **11**(ⅱ) に $y = e^x$ のグラフを示す。

図 **11**　指数関数 $y = e^x$ $(e = 2.718\cdots)$

(ⅰ) $y = 2^x$

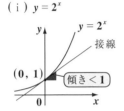

(ⅱ) $y = e^x$

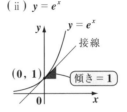

(ⅲ) $y = 3^x$

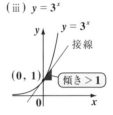

数学Ⅲで指数関数というと，$y = e^x$ のことだと思ってくれ。図 **12** には，これと $y = e^{-x}$ のグラフも示しておくので，頭に入れておくといいよ。

図 **12**　$y = e^x$ と $y = e^{-x}$ のグラフ

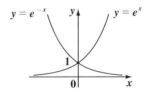

$y = e^{-x}$ は，$y = e^x$ の x の代わりに，$-x$ が入っているので，$y = e^x$ とは y 軸に関して対称なグラフになる。

それでは，自然対数と指数関数に関する **2** つの重要な極限公式をさらに追加しておこう。

x, y の代わりに，θ, r とすると，下のグラフになる。

■ 自然対数と指数関数の極限公式

$$(3)\ \lim_{x \to 0} \frac{\log(1+x)}{x} = 1 \qquad (4)\ \lim_{x \to 0} \frac{e^x - 1}{x} = 1$$

(3)(4) の公式の左辺は，共に $\dfrac{0}{0}$ の不定形だけれど，いずれも極限値 1 に収束することも覚えておこう。

それでは，(3) の公式を (2) から導いてみよう。

これは，自然対数 $\log_e(1+x)$ のこと

e（公式 (2) より）

$$(3)\lim_{x \to 0}\frac{\log(1+x)}{x} = \lim_{x \to 0}\left(\frac{1}{x}\right)\log(1+x) = \lim_{x \to 0}\log\left((1+x)^{\frac{1}{x}}\right) = \log e = 1$$

公式 (2)：$\lim\limits_{h \to 0}(1+h)^{\frac{1}{h}}=e$ を使った。
文字は，h でも x でも何でもかまわない。

となって，(3) の公式が導けた。ここで，

イメージ
$\dfrac{0.0001}{0.0001}$

$$\lim_{x \to 0}\frac{\log(1+x)}{x} = 1$$ より，この逆数の極限も

イメージ
$\dfrac{0.0001}{0.0001}$

$$\lim_{x \to 0}\frac{x}{\log(1+x)} = 1$$ となるのも大丈夫だね。

(4) の公式 $\lim\limits_{x \to 0}\dfrac{e^x-1}{x}=1$ については，$e^x-1=t$ と置換することによって，示そう。

$e^x-1=t$ とおくと，$e^x=1+t$ より，$x=\log(1+t)$ となる。

ここで，$x \to 0$ のとき，$t=e^x-1 \to e^0-1=0$ より，$t \to 0$ だね。

よって，

$$\lim_{x \to 0}\frac{e^x-1}{x} = \lim_{t \to 0}\frac{t}{\log(1+t)} = 1$$ となって，(4) の公式も導けた。

$\lim\limits_{x \to 0}\dfrac{x}{\log(1+x)}=1$ を使った！ 文字は，x でも t でも何でもかまわない。

また，この逆数の極限が $\lim\limits_{x \to 0}\dfrac{x}{e^x-1}=1$ となるのも大丈夫だね。

有理化による関数の極限の計算

次の極限を求めよ。

(1) $\displaystyle\lim_{x \to 0} \frac{\sqrt{2x+1} - x - 1}{x^2}$ （琉球大）　　(2) $\displaystyle\lim_{x \to -\infty} (\sqrt{x^2+x} + x)$ （大阪工大）

ヒント！ **(1)** は，$\dfrac{0}{0}$ の不定形だけれど，分母・分子に $\sqrt{} + (x+1)$ をかければ

ばうまくいく。**(2)** は，$-x = t$ とおくと，$x \to -\infty$ のとき $t \to \infty$ となって，∞

$-\infty$ の不定形の形が明らかになる。

解答＆解説

(1) $\displaystyle\lim_{x \to 0} \frac{\sqrt{2\boxed{x}+1} - (\boxed{x}+1)}{\boxed{x^2}}$ $\left[\dfrac{0}{0} \text{ の不定形} \right]$

$\boxed{\begin{aligned} &2x+1 - (x+1)^2 \\ &= 2x+1 - (x^2+2x+1) \\ &= -x^2 \end{aligned}}$

$= \displaystyle\lim_{x \to 0} \frac{\{\sqrt{2x+1} - (x+1)\}\{\sqrt{2x+1} + (x+1)\}}{x^2(\sqrt{2x+1} + x + 1)}$

$= \displaystyle\lim_{x \to 0} \frac{-x^2}{x^2\{\sqrt{2x+1} + (x+1)\}}$ ← $\dfrac{0}{0}$ の要素が消えた！

$= \displaystyle\lim_{x \to 0} -\frac{1}{\sqrt{2\boxed{x}+1} + \boxed{x} + 1} = -\frac{1}{\sqrt{1}+1} = -\frac{1}{2}$ ‥‥‥‥‥‥‥‥‥（答）

(2) $\displaystyle\lim_{x \to -\infty} (\sqrt{x^2+x} + x)$ について，$-x = t$ とおくと，$[x = -t]$

　　$x \to -\infty$ のとき $t \to \infty$ となる。よって，

　　$\displaystyle\lim_{x \to -\infty} (\sqrt{x^2+x} + x) = \lim_{t \to \infty}(\sqrt{(-t)^2 - t} - t)$

　　$= \displaystyle\lim_{t \to \infty}(\overbrace{\sqrt{t^2 - t}}^{\infty} - \overbrace{\boxed{t}}^{\infty})$ $[\infty - \infty \text{ の不定形}]$

$\boxed{t^2 - t - t^2 = -t}$

　　$= \displaystyle\lim_{t \to \infty} \frac{(\sqrt{t^2 - t} - t)(\sqrt{t^2 - t} + t)}{\sqrt{t^2 - t} + t}$ ← 分母・分子に $\sqrt{} + t$ をかけた！

　　$= \displaystyle\lim_{t \to \infty} \frac{-t}{\sqrt{t^2 - t} + t}$ $\left[\dfrac{1 \text{ 次の} -\infty}{1 \text{ 次の} \infty} \right]$

　　$= \displaystyle\lim_{t \to \infty} \frac{-1}{\sqrt{1 - \boxed{\dfrac{1}{t}}} + 1}$ ← 分子・分母を t で割った！ $= -\frac{1}{\sqrt{1}+1} = -\frac{1}{2}$ ‥‥‥‥‥‥（答）

$\dfrac{0}{0}$ の不定形が極限値をもつ条件

次の等式が成り立つように, 定数 a, b の値を定めよ。

$$\lim_{x \to 1} \frac{a\sqrt{x^2 + 3x + 5} + b}{x - 1} = 5$$

（弘前大）

ヒント！　左辺の極限は, $x \to 1$ のとき, 分母 $\to 0$ となる。しかし, この極限は, 5 に収束するので, 当然, 分子 $\to 0$ となる。つまり, $\dfrac{0.0005}{0.0001} \to 5$ のイメージなんだね。

解答＆解説

極限 $\lim_{x \to 1} \dfrac{a\sqrt{x^2 + 3x + 5} + b}{\boxed{x - 1}_{\,\to\,0}}$ ……① が極限値 $\underset{\sim}{5}$ に収束することにより,

$$\begin{cases} 分母：\lim_{x \to 1}(\underset{1}{\boxed{x}} - 1) = 1 - 1 = 0 から \\ 分子：\lim_{x \to 1} = (a\sqrt{\underset{1}{\boxed{x^2}} + 3\underset{1}{\boxed{x}} + 5} + b) = a\sqrt{1 + 3 + 5} + b = \boxed{3a + b = 0} \end{cases}$$

$$\therefore b = -3a \quad ……②$$

この極限のイメージは, $\dfrac{\boxed{0.0005}^{\,\to\,0}}{\boxed{0.0001}_{\,\to\,0}} \to 5$（極限値）だから, 分子の 0.0005 のイメージは, 0 に近づくってことを意味してるんだ。たとえば, 分子が 0 でない, 1 に収束するとしたら, $\dfrac{1}{0.0\cdots01} \to \infty$ となって, 極限値 5 に収束することはないからね。納得いった？

②を①に代入して,

$$\lim_{x \to 1} \frac{a\sqrt{x^2 + 3x + 5} - 3a}{x - 1} = \lim_{x \to 1} \frac{a(\sqrt{x^2 + 3x + 5} - 3)}{x - 1} \quad \left[\frac{0}{0} の不定形\right]$$

$$= \lim_{x \to 1} \frac{a\left((\sqrt{x^2 + 3x + 5} - 3)(\sqrt{x^2 + 3x + 5} + 3)\right)}{(x - 1)(\sqrt{x^2 + 3x + 5} + 3)} \quad \boxed{\begin{array}{l} x^2 + 3x + 5 - 9 \\ = x^2 + 3x - 4 \\ = (x - 1)(x + 4) \end{array}}$$

$$= \lim_{x \to 1} \frac{a(x - 1)(x + 4)}{(x - 1)(\sqrt{x^2 + 3x + 5} + 3)} \quad \boxed{\frac{0}{0} の要素が消えた！}$$

$$= \lim_{x \to 1} \frac{a(\underset{1}{\boxed{x}} + 4)}{\sqrt{\underset{1}{\boxed{x^2}} + 3\underset{1}{\boxed{x}} + 5} + 3} = \frac{5a}{\sqrt{9} + 3} = \boxed{\frac{5a}{6} = \underset{\sim}{5}} \quad \boxed{極限値}$$

これから, $a = 6$, ②より $b = -18$ ……………………………………（答）

次の各問いに答えよ。

(1) $\lim_{x \to -\infty}\left(\sqrt{ax^2+bx}+x\right)=-1$ ……① が成り立つような定数 a, b の値を
求めよ。

（神戸商船大）

(2) $\lim_{x \to -\infty}\left\{\sqrt{x^2+2}-(ax+b)\right\}=1$ ……② が成り立つような定数 a, b の値
を求めよ。

ヒント！ (1), (2) 共に, $x \to -\infty$ の極限の問題なので, $-x=t$ とおいて, $t \to +\infty$ の問題に書き替えた方が分かりやすくなる。その結果, (1) は, $\infty-\infty=-1$（有限な値）となるように a, b の値を定めるんだね。(2) も, $\infty-\infty=-1$（有限な値）の形にするために, $a<0$ であることが分かるはずだ。

解答＆解説

(1) $\lim_{x \to -\infty}\left(\sqrt{ax^2+bx}+x\right)=-1$ ……① の左辺の極限について,

$-x=t$ とおくと, $x=-t$, また, $x \to -\infty$ のとき, $t \to \infty$ となる。よって,

$(①の左辺) = \lim_{t \to \infty}\sqrt{a \cdot (-t)^2 + b \cdot (-t)} - t$

これは, $\infty-\infty$ の不定形なので, これに, $\dfrac{\sqrt{}+t}{\sqrt{}+t}$ をかけて変形しよう。

$= \lim_{t \to \infty}\sqrt{at^2-bt} - t$

$at^2-bt-t^2=(a-1)t^2-bt$

$= \lim_{t \to \infty}\dfrac{\left(\sqrt{at^2-bt}-t\right)\left(\sqrt{at^2-bt}+t\right)}{\left(\sqrt{at^2-bt}+t\right)}$

これは, $\sqrt{at^2-\cdots}$ の形なので, 実質的に t の 1 次式

$= \lim_{t \to \infty}\dfrac{(a-1)t^2-bt}{\sqrt{at^2-bt}+t}$

$a \neq 1$ ならば, $\dfrac{t の 2 次式（強い\infty）}{t の 1 次式（弱い\infty）}$ となって, これは, ∞ に発散する。$\therefore a=1$ だね。

よって, これが有限確定値 -1 に収束するためには, $a-1=0$

$\therefore a=1$ でなければならない。これから,

$(①の左辺) = \lim_{t \to \infty}\dfrac{-bt}{\sqrt{t^2-bt}+t}$

分子・分母を t で割って

$= \lim_{t \to \infty}\dfrac{-b}{\sqrt{1-\dfrac{b}{t}}+1}$

0

よって，(①の左辺) $= \dfrac{-b}{\sqrt{1-0}+1} = \boxed{-\dfrac{b}{2} = -1} = $ (①の右辺) より，

$-\dfrac{b}{2} = -1$ ∴ $b = 2$

以上より，求める a, b の値は，$a = 1$，$b = 2$ である。……………………(答)

(2) $\displaystyle\lim_{x \to -\infty}\left\{\sqrt{x^2+2}-(ax+b)\right\} = 1$ ……② の左辺の極限について，

$-x = t\,(x = -t)$ とおくと，$x \to -\infty$ のとき，$t \to \infty$ となる。よって，

$(②の左辺) = \displaystyle\lim_{t \to \infty}\left\{\sqrt{(-t)^2+2}-a(-t)-b\right\}$

$\qquad\qquad = \displaystyle\lim_{t \to \infty}\left\{\sqrt{t^2+2}+(at-b)\right\} \cdots ②'$

> ここで，$a>0$ のとき，$\underbrace{\sqrt{}}_{\infty}+\underbrace{at}_{\infty}-b$ は，
> $\infty+\infty$ となって，∞ に発散する。
> $a=0$ とき，$\sqrt{}\underbrace{-b}_{\boxed{定数}}$ は∞に発散する。
> ∴ $a<0$ であり，$\infty-\infty$ として，
> これが定数 1 に収束するようにする。

この極限は 1 に収束するので，$a < 0$ である。

②′ の分子・分母に $\sqrt{t^2+2}-(at-b)$ をかけて，

さらに変形すると，

$\boxed{t^2+2-(at-b)^2 = t^2+2-(a^2t^2-2abt+b^2)}$

$(②の左辺) = \displaystyle\lim_{t \to \infty}\dfrac{\boxed{\left\{\sqrt{t^2+2}+(at-b)\right\}\left\{\sqrt{t^2+2}-(at-b)\right\}}}{\sqrt{t^2+2}-(at-b)}$

$\qquad\qquad = \displaystyle\lim_{t \to \infty}\dfrac{(\overset{0}{\boxed{1-a^2}})t^2+2abt+2-b^2}{\sqrt{t^2+2}-at+b}$

> これを∞に発散させないために，
> $1-a^2=0$ として，$\dfrac{1次の\infty}{1次の\infty}$ の形にする。

よって，これが有限確定値 1 に収束するために，$1-a^2 = 0$，すなわち

$a^2 = 1$ ∴ $a = -1\,(\because a<0)$ とする。よって，

$(②の左辺) = \displaystyle\lim_{t \to \infty}\dfrac{-2bt+2-b^2}{\sqrt{t^2+2}+t+b}$ 【分子・分母を t で割って】 $= \displaystyle\lim_{t \to \infty}\dfrac{-2b+\overset{0}{\boxed{\dfrac{2-b^2}{t}}}}{\sqrt{1+\underset{0}{\dfrac{2}{t^2}}}+1+\underset{0}{\dfrac{b}{t}}}$

$\qquad\qquad = \dfrac{-2b}{\sqrt{1}+1} = \boxed{-b = 1} = (②の右辺)$

∴ $-b = 1$ より，$b = -1$ である。

以上より，求める a, b の値は，$a = -1$，$b = -1$ である。………………(答)

三角関数の極限

次の極限を求めよ。

(1) $\displaystyle\lim_{x \to 0}\frac{\sin 2x}{x}$　　(2) $\displaystyle\lim_{x \to 0}\frac{\tan 2x}{\sin 3x}$　　(3) $\displaystyle\lim_{x \to 0}\frac{1 - \cos 3x}{x^2 + 3x^3}$

ヒント！ 三角関数の極限の公式を使う問題だよ。ポイントは, $x \to 0$ のとき, x を 2 倍しても, 3 倍しても, 0 に近づくんだよ。つまり, $2x \to 0$, $3x \to 0$ になるんだね。うまく式を変形するのがコツだ。

解答＆解説

(1) $\displaystyle\lim_{x \to 0}\frac{\sin 2x}{x} = \lim_{x \to 0} \boxed{\frac{\sin 2x}{2x}} \cdot 2$

> $2x = \theta$ とおくと,
> $x \to 0$ ならば $\theta \to 0$ より
> 公式： $\displaystyle\lim_{\theta \to 0}\frac{\sin\theta}{\theta} = 1$
> が使える！

$\qquad\qquad = 1 \times 2 = 2$ ……………………………………………………(答)

(2) $\displaystyle\lim_{x \to 0}\frac{\tan 2x}{\sin 3x}$ $\left[\dfrac{0}{0} \text{ の不定形}\right]$

> ・$2x = \theta$ とおくと
> 公式： $\displaystyle\lim_{\theta \to 0}\frac{\tan\theta}{\theta} = 1$ が,
> ・また, $3x = t$ とおくと
> 公式： $\displaystyle\lim_{t \to 0}\frac{t}{\sin t} = 1$ が使える！

$\quad = \displaystyle\lim_{x \to 0} \boxed{\frac{\tan 2x}{2x}} \cdot \boxed{\frac{3x}{\sin 3x}} \cdot \frac{2}{3}$

$\quad = 1 \times 1 \times \dfrac{2}{3} = \dfrac{2}{3}$ ……………………………………(答)

(3) $\displaystyle\lim_{x \to 0}\frac{1 - \cos 3x}{x^2 + 3x^3}$ $\left[\dfrac{0}{0} \text{ の不定形}\right]$

> $3x = \theta$ とおくと, $x \to 0$ より, $\theta \to 0$
> よって, 公式： $\displaystyle\lim_{\theta \to 0}\frac{1 - \cos\theta}{\theta^2} = \frac{1}{2}$
> が使える形にもち込める！

$\quad = \displaystyle\lim_{x \to 0}\frac{1 - \cos 3x}{x^2(1 + 3x)}$

$\quad = \displaystyle\lim_{x \to 0} \boxed{\frac{1 - \cos 3x}{(3x)^2}} \cdot \frac{9}{1 + 3x} = \frac{1}{2} \times \frac{9}{1 + 3 \times 0} = \frac{9}{2}$ ……………(答)

30

e に収束する極限公式の応用

次の極限を求めよ。

(1) $\displaystyle\lim_{x \to \infty}\left(1 + \frac{2}{x}\right)^x$　　　　　(2) $\displaystyle\lim_{x \to 0}\frac{\log(1 + 3x)}{x}$

ヒント！ (1) は，$\displaystyle\lim_{x \to \pm\infty}\left(1 + \frac{1}{x}\right)^x = e$ を，(2) は，$\displaystyle\lim_{h \to 0}(1+h)^{\frac{1}{h}} = e$ を使う問題だね。(1) では，$\dfrac{x}{2} = t$ とおき，(2) では，$3x = h$ とおくといいよ。

解答&解説

∞ に大きくなるものは，2 や 3 で割ったって，∞ に大きくなる！

(1) $\displaystyle\lim_{x \to \infty}\left(1 + \frac{2}{x}\right)^x = \lim_{x \to \infty}\left(1 + \frac{1}{\frac{x}{2}}\right)^x$

$\dfrac{x}{2} = t$ とおくと $x \to \infty$ のとき $t \to \infty$ より

公式：$\displaystyle\lim_{t \to \infty}\left(1 + \frac{1}{t}\right)^t = e$

の形にもち込める！

$= \displaystyle\lim_{\substack{x \to \infty \\ (t \to \infty)}}\left\{\left(1 + \frac{1}{\frac{x}{2}}\right)^{\frac{x}{2}}\right\}^2 = e^2$ ‥‥‥‥‥‥‥‥‥‥‥‥(答)

(2) $\displaystyle\lim_{x \to 0}\frac{\log(1 + 3x)}{x} = \lim_{x \to 0} 3 \cdot \frac{1}{3x}\log(1 + 3x)$

0 に近づくものは，2 倍しても 3 倍しても，0 に近づく！

$= \displaystyle\lim_{\substack{x \to 0 \\ (h \to 0)}} 3 \cdot \log\left(1 + 3x\right)^{\frac{1}{3x}}$

$3x = h$ とおくと $x \to 0$ のとき，$h \to 0$ より，

公式：$\displaystyle\lim_{h \to 0}(1 + h)^{\frac{1}{h}} = e$

の形にもち込める！

$= 3\underset{1}{\log e}$

$= 3$ ‥‥‥‥‥‥‥‥‥‥‥‥(答)

図形と関数の極限の応用

右図において，点 A と点 C は動点であり，
点 C は線分 BD 上を動く。
AB $=1$，AC $=2$，BD $=3$ とし，
$\angle$ABC $=\theta$ $(0 < \theta < \pi)$ とおく。

(1) BC $= x$ とおいて，x を $\cos\theta$ で表せ。

(2) 三角形 ABC の面積を $S(\theta)$ とおく。

　　このとき，極限 $\displaystyle\lim_{\theta \to 0} \frac{S(\theta)}{\theta}$ を求めよ。

(3) 極限 $\displaystyle\lim_{\theta \to 0} \frac{CD}{\theta^2}$ を求めよ。

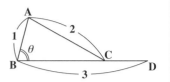

ヒント！ 関数の極限の図形への応用問題だね。(1)で，△ABC に余弦定理を用
いると，x を $\cos\theta$ の式で表すことができる。(2)，(3)はいずれも $\dfrac{0}{0}$ の不定形だけ
れど，公式：$\displaystyle\lim_{\theta \to 0} \frac{\sin\theta}{\theta} = 1$ と $\displaystyle\lim_{\theta \to 0} \frac{1-\cos\theta}{\theta^2} = \frac{1}{2}$ を利用して解いていこう。

解答＆解説

(1) BC $= x$ $(x > 0)$ とおくと，△ABC に
　　余弦定理を用いると，

$2^2 = 1^2 + x^2 - 2 \cdot 1 \cdot x \cdot \cos\theta$ ← **2^2 をピンセット でつまむ要領**

$x^2 - 2 \cdot \cos\theta \cdot x - 3 = 0$　この x の 2 次方程式

を解いて，$x = \cos\theta \pm \sqrt{\cos^2\theta + 3}$ ← $ax^2 + 2b'x + c = 0$ の解 $x = \dfrac{-b' \pm \sqrt{b'^2 - ac}}{a}$

ここで，$x > 0$ より，

$x = \cos\theta + \sqrt{\cos^2\theta + 3}$ ……① である。……………………(答)

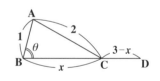

(2) △ABC の面積 $S(\theta)$ は，

$S(\theta) = \dfrac{1}{2} \cdot 1 \cdot x \cdot \sin\theta$ ……②

②に①を代入して，

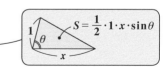
$S = \dfrac{1}{2} \cdot 1 \cdot x \cdot \sin\theta$

$S(\theta) = \dfrac{1}{2} \cdot \sin\theta \cdot \left(\cos\theta + \sqrt{\cos^2\theta + 3}\right)$ となる。よって，求める極限は，

$$\lim_{\theta \to 0} \frac{S(\theta)}{\theta} = \lim_{\theta \to 0} \frac{\sin\theta\left(\cos\theta + \sqrt{\cos^2\theta + 3}\right)}{2\theta} \quad \longleftarrow \boxed{\dfrac{0}{0} \text{の不定形}}$$

$$= \lim_{\theta \to 0} \frac{1}{2} \cdot \underbrace{\frac{\sin\theta}{\theta}}_{\textstyle \boxed{1}} \cdot \left(\underbrace{\cos\theta}_{\textstyle \boxed{\cos 0 = 1}} + \sqrt{\underbrace{\cos^2\theta}_{\textstyle \boxed{\cos^2 0 = 1^2}} + 3}\right)$$

公式：
$\lim\limits_{\theta \to 0} \dfrac{\sin\theta}{\theta} = 1$

$$= \frac{1}{2} \times 1 \times \left(1 + \sqrt{1 + 3}\right) = \frac{1}{2} \times 3 = \frac{3}{2} \text{ である。} \quad \cdots\cdots\cdots\cdots\cdots\text{(答)}$$

(3) $\mathrm{CD} = 3 - x$ ……③ と表せる。

この③に①を代入して，極限 $\lim\limits_{\theta \to 0} \dfrac{\mathrm{CD}}{\theta^2}$ を求めると，

$$\lim_{\theta \to 0} \frac{\mathrm{CD}}{\theta^2} = \lim_{\theta \to 0} \frac{3 - \left(\cos\theta + \sqrt{\cos^2\theta + 3}\right)}{\theta^2} \quad \longleftarrow \boxed{\dfrac{0}{0} \text{の不定形}}$$

$$= \lim_{\theta \to 0} \frac{3 - \cos\theta - \sqrt{\cos^2\theta + 3}}{\theta^2}$$

分子・分母に $3 - \cos\theta + \sqrt{}$ をかける。

$(3 - \cos\theta)^2 - (\cos^2\theta + 3) = 9 - 6\cos\theta + \cos^2\theta - \cos^2\theta - 3$

$$= \lim_{\theta \to 0} \frac{\left(3 - \cos\theta - \sqrt{\cos^2\theta + 3}\right) \cdot \left(3 - \cos\theta + \sqrt{\cos^2\theta + 3}\right)}{\theta^2 \cdot \left(3 - \cos\theta + \sqrt{\cos^2\theta + 3}\right)}$$

$$= \lim_{\theta \to 0} \frac{6 \cdot (1 - \cos\theta)}{\theta^2 \cdot \left(3 - \cos\theta + \sqrt{\cos^2\theta + 3}\right)}$$

$$= \lim_{\theta \to 0} 6 \cdot \underbrace{\frac{1 - \cos\theta}{\theta^2}}_{\textstyle \boxed{\frac{1}{2}}} \cdot \frac{1}{\underbrace{3 - \cos\theta + \sqrt{\cos^2\theta + 3}}_{\textstyle \boxed{3 - 1 + \sqrt{1 + 3} = 4}}}$$

公式：
$\lim\limits_{\theta \to 0} \dfrac{1 - \cos\theta}{\theta^2} = \dfrac{1}{2}$

$$= 6 \times \frac{1}{2} \times \frac{1}{4} = \frac{3}{4} \text{ である。} \quad \cdots\cdots\cdots\cdots\cdots\cdots\text{(答)}$$

頻出問題にトライ・2	難易度 ★★★	CHECK1	CHECK2	CHECK3

$\lim\limits_{x \to \infty}\left\{\sqrt{4x^2 - 12x + 1} - (ax + b)\right\} = 0$ (a, b は定数) が成り立つとき a, b の値を求めよ。 （千葉工大＊）

解答は P169

§3. 関数の連続性と中間値の定理も押さえよう！

"関数の極限"の最後のテーマとして，"関数の連続性"と，"中間値の定理"について教えよう。特に，中間値の定理は，方程式の解の存在を示すのに有効な定理なんだ。これから詳しく教えよう。

● 連続な関数とは，切れ目のない関数だ！

$f(x) = x^2$ や $g(x) = \sin x$ など……，与えられた定義域の範囲で，切れ目なくつながってる関数を連続な関数というんだね。そして，この関数の連続性の証明は次のように行う。

■ 関数の連続性の証明

関数 $f(x)$ が，その定義域内の $x = a$ について，

$$\underbrace{\lim_{x \to a-0} f(x)}_{\boxed{左側極限}} = \underbrace{\lim_{x \to a+0} f(x)}_{\boxed{右側極限という}} = f(a) \qquad が成り立つとき$$

関数 $f(x)$ は $x = a$ で連続であるという。

図1に示すように，関数 $y = f(x)$ の $x = a$ における点について

(i) x を a より小さい側から a に近づけるときの $f(x)$ の左側極限 $\lim_{x \to a-0} f(x)$ と，

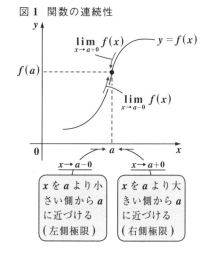

図1 関数の連続性

(ii) x を a より大きい側から a に近づけるときの $f(x)$ の右側極限 $\lim_{x \to a+0} f(x)$ が存在し，これらが共に同じ $f(a)$ の値に収束するとき，

つまり，$\lim_{x \to a-0} f(x) = \lim_{x \to a+0} f(x) = f(a)$ が成り立つとき，関数 $f(x)$ は，$x = a$ で，つながっている。つまり連続であると言えるんだね。

$(ex1)$ 関数 $f(x) = \begin{cases} -x+a & (x < 1) \\ x+1 & (1 \leqq x) \end{cases}$ が，$x = 1$ で連続となるような

a の値を求めよう。

$\underline{x = 1 \text{のとき}} \; \underline{f(1) = 1+1} = 2$ より，$f(x)$ が，$x = 1$ で連続となる条件は，

$x \geqq 1$ より，$f(x) = x+1$ を使う

$\underset{x \to 1-0}{\lim} f(x) = \underset{x \to 1+0}{\lim} f(x) = \underset{2}{\underbrace{f(1)}}$ より，

$x < 1$ より，$f(x) = -x+a$

$x > 1$ より，$f(x) = x+1$

$\underset{x \to 1-0}{\lim} \; (-\overset{1}{\underbrace{x}}+a) = \underset{x \to 1+0}{\lim} \; (\overset{1}{\underbrace{x}}+1) = 2$

$-1+a = 2 \qquad \therefore a = 3 \quad$ となる。

関数の連続性は，極限の形式で解くけれど，図から分かるように，$f(x) = -x+a$
が点 $(1, 2)$ を通るようにするだけなんだね。難しく考えなくていいよ (^o^)/

$(ex2)$ 実数 x を超えない最大の整数を $[x]$ で表す。

この $[\ ]$ を "ガウス記号" と呼ぶよ。

たとえば，
$[3.8] = 3, \quad [14.23] = 14$
$[-1.2] = -2, \quad [-3.8] = -4$

関数 $f(x) = [x] \; (0 \leqq x < 3)$ のグラフ
を描き，$f(x)$ が $x = 1$ で不連続である
ことを示そう。

・$0 \leqq x < 1$ のとき，$f(x) = [x] = 0$

$0.\cdots\cdots$ の数

・$1 \leqq x < 2$ のとき，$f(x) = [x] = 1$

$1.\cdots\cdots$ の数

・$2 \leqq x < 3$ のとき，$f(x) = [x] = 2$

$2.\cdots\cdots$ の数

このとき，

・$\underset{x \to 1-0}{\lim} f(x) = \underset{x \to 1-0}{\lim} [x] = 0, \quad \underset{x \to 1+0}{\lim} f(x) = \underset{x \to 1+0}{\lim} [x] = 1$ となって

左側極限 　$0.\cdots\cdots$ の数 　右側極限 　$1.\cdots\cdots$ の数

左側極限と右側極限が一致しない。よって，関数 $f(x) = [x]$ は，

$x = 1$ で不連続であることが分かるんだね。

図 2 に示すような，関数 $f(x) = \sqrt{x-a}$
の定義域 $a \leqq x$ の左端 $x = a$ での連続性
について考えよう。これは，右側極限
しかないので，この連続性の条件は，

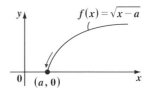

図 2　関数の連続性

$\displaystyle \lim_{x \to a+0} f(x) = f(a)$ となるんだね。この場合

$\displaystyle \lim_{x \to a+0} \underbrace{\sqrt{x}}_{a} - a = \sqrt{a-a} = 0\ (= f(a))$ となって，条件をみたすので，

この関数 $f(x) = \sqrt{x-a}$ は $x = a$ で連続と言えるんだね。大丈夫？
また，逆に関数 $g(x)$ の定義域が，$x \leqq b$ のときは，条件：

$\displaystyle \lim_{x \to b-0} g(x) = g(b)$ が成り立てば，$g(x)$ は $x = b$ で連続と言える。

● 中間値の定理もマスターしよう！

では次，中間値の定理について，まず下に紹介しよう。

中間値の定理

閉区間 $[a, b]$ で連続な関数 $f(x)$

$\boxed{a \leqq x \leqq b \text{ のこと}}$

が，$f(a) \neq f(b)$ ならば，$f(a)$ と $f(b)$
の間の実数 k に対して

　$f(c) = k$　をみたす c が，a と b
の間に少なくとも 1 つ存在する。

・$a \leqq x \leqq b$ を $[a, b]$ と
表し，閉区間という。
・$a < x < b$ を (a, b) と
表し，開区間という。
・$a \leqq x < b$ は $[a, b)$ と
表し，また，
　$a < x \leqq b$ は $(a, b]$ と
表す。

図 3 に示すように，閉区間 $[a, b]$ で連
続な関数 $f(x)$ の両端点の y 座標 $f(a)$
と $f(b)$ が異なる値をとる。つまり
$f(a) \neq f(b)$ のとき，$f(a)$ と $f(b)$ の間
のある定数 k を用いて，直線 $y = k$ を引
いてみよう。すると，

図 3　中間値の定理

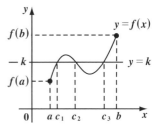

$y = f(x)$ は，$[a, b]$ で切れ目のない関数だから，$f(c) = k$ をみたす c が，a と b の間に必ず 1 つは存在することが分かるだろう？図 3 では，$c_1, c_2,$ c_3 と 3 個の c が存在する場合を示した。納得いった？

この中間値の定理は，方程式 $f(x) = 0$ が実数解をもつことの証明に利用できるんだ。たとえば，区間 $[a, b]$ で，関数 $f(x)$ が連続で，かつ

$\underset{\fbox{$\ominus$ の数}}{f(a)} < 0 < \underset{\fbox{$\oplus$ の数}}{f(b)}$ であったとすると，$k = 0$

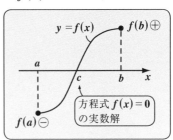

として，曲線 $y = f(x)$ と直線 $y = 0$ は，区間 (a, b) で必ず 1 回は共有点をもつ。この共有点の x 座標 c が方程式 $f(x) = 0$ の実数解になるんだね。

つまり，方程式 $f(x) = 0$ は，区間 (a, b) に実数解をもつことが示せたんだね。

$(ex3)$ 方程式 $e^x + 3x = 0$ が，

閉区間 $(-1, 0)$ の範囲に，

$\fbox{$-1 < x < 0$ のこと}$

実数解をもつことを示そう。

関数 $f(x) = e^x + 3x$ は，閉区間 $[-1, 0]$ で連続関数だね。また，

> 一般に，$f(x)$ と $g(x)$ が連続関数ならば，次の関数も連続になる。
> ・$kf(x) \pm lg(x)$
> 　　　　$(k, l : 実数)$
> ・$f(x) \cdot g(x)$
> ・$\dfrac{f(x)}{g(x)}$　（ただし，$g(x) \neq 0$）

> よって，$y = e^x$ と $y = 3x$ は共に連続関数より，$f(x) = e^x + 3x$ も連続関数になるんだね。

$\begin{cases} f(-1) = \underset{\fbox{$\frac{1}{2.7}$}}{e^{-1}} - 3 < 0 \\ f(0) = e^0 + 3 \cdot 0 = 1 > 0 \end{cases}$　より，

方程式 $f(x) = 0$ すなわち $e^x + 3x = 0$ は，中間値の定理から，区間 $(-1, 0)$ の範囲に少なくとも 1 つの実数解をもつと，言えるんだね。面白かった？

関数の連続性

関数 $f(x) = \lim\limits_{n \to \infty} \dfrac{ax^{2n+1} + x^{2n}}{x^{2n} + 1}$ ……① (a：実数定数) がある。

(1) (ⅰ) $-1 < x < 1$　(ⅱ) $x = 1$　(ⅲ) $x = -1$　(ⅳ) $x < -1, 1 < x$　の

　　4つの場合に分けて，$f(x)$ を求めよ。

(2) $x = 1$ で，$f(x)$ が連続となるような a の値を求めよ。

レクチャー 極限 $\lim\limits_{n \to \infty} r^n$ の公式 (**P66**)：

$\cdot \lim\limits_{n \to \infty} r^n = \begin{cases} 0 & (-1 < r < 1 \text{ のとき}) \\ 1 & (r = 1 \text{ のとき}) \\ \pm 1 & (r = -1 \text{ のとき}) \end{cases}$

$\boxed{+1, -1 \text{ を振動する (発散)}}$

$\cdot \lim\limits_{n \to \infty} \left(\dfrac{1}{r}\right)^n = 0$　($r < -1, 1 < r$ のとき)

これを利用すると，$\lim\limits_{n \to \infty} r^n$ も $\lim\limits_{n \to \infty} x^{2n}$
も r や x を沢山沢山かけることに変わ

りはないので，同様に，

$\cdot \lim\limits_{n \to \infty} x^{2n} = \begin{cases} 0 & (-1 < x < 1 \text{ のとき}) \\ 1 & (x = 1 \text{ のとき}) \\ \underline{1} & (x = -1 \text{ のとき}) \end{cases}$

$\boxed{x^{2n} = (-1)^{2n} = 1^n = 1 \text{ となって，これ} \\ \text{も収束することがポイントだ！}}$

$\cdot \lim\limits_{n \to \infty} \left(\dfrac{1}{x}\right)^{2n} = 0$　($x < -1, 1 < x$ のとき)
となるんだね。

解答 & 解説

(1) $f(x) = \lim\limits_{n \to \infty} \dfrac{ax^{2n+1} + x^{2n}}{x^{2n} + 1}$ ……① (a：実数定数) について

　(ⅰ) $-1 < x < 1$ のとき，

　　　$f(x) = \lim\limits_{n \to \infty} \dfrac{a\overbrace{x^{2n+1}}^{0} + \overbrace{x^{2n}}^{0}}{\underbrace{x^{2n}}_{0} + 1} = \dfrac{0}{1} = 0$

$\boxed{\begin{array}{l} -1 < x < 1 \text{ のとき} \\ \lim\limits_{n \to \infty} x^{2n} = \lim\limits_{n \to \infty} x^{2n+1} = 0 \end{array}}$

　(ⅱ) $x = 1$ のとき，

　　　$f(1) = \lim\limits_{n \to \infty} \dfrac{a \cdot \overbrace{1^{2n+1}}^{1} + \overbrace{1^{2n}}^{1}}{\underbrace{1^{2n}}_{1} + 1} = \dfrac{a+1}{1+1} = \dfrac{a+1}{2}$

$\boxed{\begin{array}{l} x = 1 \text{ のとき} \\ \lim\limits_{n \to \infty} x^{2n} = \lim\limits_{n \to \infty} x^{2n+1} = 1 \end{array}}$

(iii) $x = -1$ のとき,

$$f(-1) = \lim_{n \to \infty} \frac{a \cdot (-1)^{2n+1} + (-1)^{2n}}{(-1)^{2n} + 1} = \frac{-a+1}{2}$$

ここで $a \cdot (-1)^{2n+1}$ は -1、$(-1)^{2n}$ は 1、分母の $(-1)^{2n}$ は 1。

> $x = -1$ のとき
> $\lim_{n \to \infty} x^{2n} = 1$　（-1を偶数回かけるので）
> $\lim_{n \to \infty} x^{2n+1} = -1$　（-1を奇数回かけるので）

(iv) $x < -1,\ 1 < x$ のとき,

$$\begin{aligned}
f(x) &= \lim_{n \to \infty} \frac{ax^{2n+1} + x^{2n}}{x^{2n} + 1} \\
&= \lim_{n \to \infty} \frac{a \cdot x + 1}{1 + \left(\frac{1}{x}\right)^{2n}} \\
&= ax + 1
\end{aligned}$$

> 分子分母を x^{2n} で割った

> $x < -1,\ 1 < x$ のとき
> $\lim_{n \to \infty} \left(\frac{1}{x}\right)^{2n} = 0$

以上 (i) ～ (iv) より,

$$f(x) = \begin{cases} 0 & (-1 < x < 1 \text{ のとき}) \\[2mm] \dfrac{a+1}{2} & (x = 1 \text{ のとき}) \\[2mm] \dfrac{-a+1}{2} & (x = -1 \text{ のとき}) \\[2mm] ax + 1 & (x < -1,\ 1 < x \text{ のとき}) \end{cases}$$

……(答)

(2) $f(x)$ が $x = 1$ で連続となるための条件は

$$\lim_{x \to 1-0} f(x) = \lim_{x \to 1+0} f(x) = f(1) \quad \text{より}$$

> $x < 1$ より $f(x) = 0$
> $1 < x$ より $f(x) = ax + 1$
> $\dfrac{a+1}{2}$

$$\lim_{x \to 1-0} 0 = \lim_{x \to 1+0} (ax + 1) = \frac{a+1}{2}$$

ここで ax の x は 1。

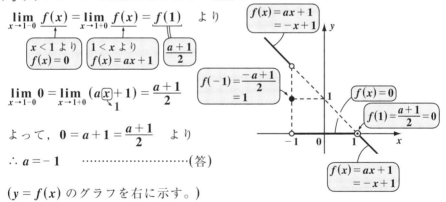

> $f(x) = ax + 1 = -x + 1$
> $f(-1) = \dfrac{-a+1}{2} = 1$
> $f(x) = 0$
> $f(1) = \dfrac{a+1}{2} = 0$
> $f(x) = ax + 1 = -x + 1$

よって, $0 = a + 1 = \dfrac{a+1}{2}$　より

$\therefore a = -1$　………………………(答)

($y = f(x)$ のグラフを右に示す。)

今回は, "**頻出問題にトライ**" のスペースがなくて, ゴメンナサイm(__)m

1. 分数関数

（Ⅰ）基本形：$y = \dfrac{k}{x}$ $(x \neq 0)$　　（Ⅱ）標準形：$y = \dfrac{k}{x-p} + q$

2. 無理関数

（Ⅰ）基本形：$y = \sqrt{ax}$　　　　　　（Ⅱ）標準形：$y = \sqrt{a(x-p)} + q$

3. 逆関数の公式

$y = f(x)$ が **1 対 1 対応**の関数のとき，

元の $y = f(x)$ の x と y を入れ替えたもの

$y = f(x)$ ←──逆関数──── $x = f(y)$

これを，$y = (x\,\text{の式})$ の形に変形

$y = f(x)$ と $y = f^{-1}(x)$ は，直線 $y = x$ に関して対称なグラフになる。

$y = f^{-1}(x)$

4. 合成関数の公式

$t = f(x)$ ……⑦ ，$y = g(t)$ ……④ のとき，

⑦を④に代入して，$y = g(f(x))$ の合成関数が導かれる。

5. 三角関数の極限の公式

(1) $\displaystyle\lim_{\theta \to 0} \dfrac{\sin \theta}{\theta} = 1$　　(2) $\displaystyle\lim_{\theta \to 0} \dfrac{\tan \theta}{\theta} = 1$　　(3) $\displaystyle\lim_{\theta \to 0} \dfrac{1 - \cos \theta}{\theta^2} = \dfrac{1}{2}$

（θ の単位はすべてラジアン）

6. e に近づく極限の公式

(1) $\displaystyle\lim_{x \to \pm\infty} \left(1 + \dfrac{1}{x}\right)^x = e$　　　　(2) $\displaystyle\lim_{h \to 0} (1+h)^{\frac{1}{h}} = e$

7. 対数関数と指数関数の極限の公式

(1) $\displaystyle\lim_{x \to 0} \dfrac{\log(1+x)}{x} = 1$　　　　(2) $\displaystyle\lim_{x \to 0} \dfrac{e^x - 1}{x} = 1$

8. 関数の連続性

$\displaystyle\lim_{x \to a-0} f(x) = \lim_{x \to a+0} f(x) = f(a)$ のとき，$f(x)$ は $x = a$ で連続である。

9. 中間値の定理

$[a, b]$ で連続な関数が，$f(a) \neq f(b)$ ならば，$f(a)$ と $f(b)$ の間の実数 k に関して，$f(c) = k$ をみたす c が，a と b の間に存在する。

講義
Lecture
**② 微分法と
その応用**

テーマ

▶ 微分係数と導関数

▶ 接線と法線

▶ 関数のグラフの概形

▶ 方程式・不等式への応用

▶ 速度・加速度・近似式

講義 ⑤ 微分法とその応用

§1. さまざまな公式を駆使して，導関数を求めよう！

　さァ，これから数学Ⅲのメインテーマの1つ，"微分法"の解説に入ろう。ここではまず，微分法の基本となる微分係数と導関数の求め方から解説する。これには，極限によるものと公式によるものの2通りがある。

● 微分係数を求める3つの定義式を押さえよう！

　微分係数は，次に示す3つの極限で定義される。

微分係数の定義式

$$f'(a) = \lim_{h \to 0} \frac{f(a+h) - f(a)}{h} \quad \leftarrow (\text{ i }) の定義式$$

$$= \lim_{h \to 0} \frac{f(a) - f(a-h)}{h} \quad \leftarrow (\text{ ii }) の定義式$$

$$= \lim_{b \to a} \frac{f(b) - f(a)}{b - a} \quad \leftarrow (\text{ iii }) の定義式$$

それでは，(i)の定義式の意味を解説するよ。

図1のようにある曲線 $y = f(x)$ 上に2点 $A(a, f(a))$，$B(a+h, f(a+h))$ をとり，直線 AB の傾きを求めると， これを**平均変化率**と呼ぶ！

$\dfrac{f(a+h) - f(a)}{h}$ となる。

ここで，$h \to 0$ としたときの，この式の極限は，

$\lim\limits_{h \to 0} \dfrac{f(a + \boxed{h}) - f(a)}{\boxed{h}} = \dfrac{0}{0}$ の不定形だけれど，

これがある極限値に収束するとき，これを**微分係数**と呼び，$f'(a)$ で表すんだね。

よって，微分係数の(i)の定義式：

$f'(a) = \lim\limits_{h \to 0} \dfrac{f(a+h) - f(a)}{h}$ が導かれた。

図1 平均変化率は直線 AB の傾き

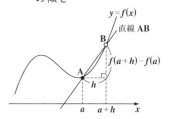

図2 微分係数 $f'(a)$ は，極限から求まる

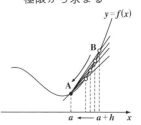

図3 微分係数 $f'(a)$ は，接線の傾き

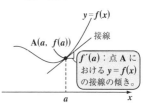

42

以上をグラフで見ると，図2のように，$h \to 0$ のとき，$a + h \to a$ より，点 B は限りなく点 A に近づき，直線 AB は $y = f(x)$ 上の点 $A(a, f(a))$ における**接線**に限りなく近づく。よって，微分係数 $f'(a)$ は，この点における接線の傾きを表すことになるんだね。(図3)

ここでさらに，図1の $a + h$ を b とおくと，

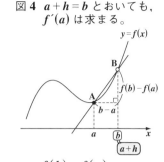

図4 $a + h = b$ とおいても，$f'(a)$ は求まる。

図4に示すように直線 AB の傾き (平均変化率) は $\dfrac{f(b) - f(a)}{b - a}$ となる。

ここで，$h \to 0$ のとき $b \to a$ より，(ⅲ) の微分係数の定義式も導けるね。

最後に，(ⅱ) の定義式は，$A(a, f(a))$，$B(a - h, f(a - h))$ とおいて，平均変化率を求め，さらに $h \to 0$ と動かして，$f'(a)$ を導いているんだね。

ここで，(ⅲ) の定義式の b を変数 x に置き換えると，命題：
「$x = a$ で，$f(x)$ が微分可能ならば，$f(x)$ は連続である。」……(＊) ことが次のように示せるんだね。

$$\lim_{x \to a} \{f(x) - f(a)\} = \lim_{x \to a} \left\{ \frac{f(x) - f(a)}{x - a} \cdot (\overset{0}{(x - a)}) \right\}$$

> $x - a$ で割った分，$x - a$ をかけた

$f'(a)$ ←

> (ⅲ) の b を x に変えたもの。$f(x)$ は $x = a$ で微分可能より $f'(a)$ はある定数だね。

$$= f'(a) \cdot 0 = 0$$ となる。

これから，$\underset{x \to a}{\lim} f(x) = f(a)$ が成り立つことが分かるので，$f(x)$ は $x = a$

> これは，$\lim_{x \to a - 0} f(x) = \lim_{x \to a + 0} f(x)$ と同じだ。

で連続であると言えるんだね。納得いった？

でも，この逆の命題：「$x = a$ で，$f(x)$ が連続ならば，$f(x)$ は微分可能である」は成り立たない。なぜなら，関数 $y = f(x)$ のグラフが，右図のような場合，$y = f(x)$ は連続な関数と言えるけれど，$x = a$ で尖点 (とんがった点) をもつので，$x = a$ では，$y = f(x)$ は滑らかな曲線ではなく，微分不能になるからなんだね。

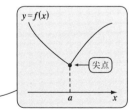

$y = f(x)$

尖点

● 導関数と微分係数の定義式はソックリだ！

それでは，導関数 $f'(x)$ の定義式を下に示すよ。

▌導関数の定義式

$$f'(x) = \lim_{h \to 0} \frac{f(x+h) - f(x)}{h} = \lim_{h \to 0} \frac{f(x) - f(x-h)}{h}$$

導関数 $f'(x)$ の定義式は，微分係数 $f'(a)$ の（ i ）と（ ii ）の定義式の a の代わりに x を代入しただけで，ソックリだね。

ただし，この x は変数だから，x の導関数 $f'(x)$ の x に，ある値 a を代入することにより，微分係数（接線の傾き）$f'(a)$ が求まるんだよ。

それでは，$f(x) = x^3$ のとき，その導関数を定義式から求めてみよう。

$$f'(x) = \lim_{h \to 0} \frac{f(x+h) - f(x)}{h} = \lim_{h \to 0} \frac{\overbrace{(x+h)^3}^{x^3 + 3x^2h + 3xh^2 + h^3} - x^3}{h}$$

導関数 $f'(x)$ は，一般に x の関数になる。

$\boxed{\dfrac{0}{0}}$ の要素が消えた！

$$= \lim_{h \to 0} \frac{h(3x^2 + 3xh + h^2)}{h} = \lim_{h \to 0} (3x^2 + 3x\boxed{h} + \boxed{h^2}) = 3x^2 \text{ となる。}$$

● 導関数 $f'(x)$ は，公式から楽に導ける！

$f'(x)$ を，極限の定義式から求める方法を教えたけれど，実践的には，次に示す **8** つの知識と **3** つの公式から，テクニカルに求めるんだよ。

▌微分計算（8 つの知識）

(1) $(x^\alpha)' = \alpha x^{\alpha-1}$ （α：実数）　　(2) $(\sin x)' = \cos x$

(3) $(\cos x)' = -\sin x$　　　　　　　(4) $(\tan x)' = \dfrac{1}{\cos^2 x}$

(5) $(e^x)' = e^x$ （$e \fallingdotseq 2.7$）　　　　(6) $(a^x)' = a^x \cdot \log a$

(7) $(\log x)' = \dfrac{1}{x}$ （$x > 0$）　　　(8) $\{\log f(x)\}' = \dfrac{f'(x)}{f(x)}$ （$f(x) > 0$）

（ただし，対数はすべて自然対数，$a > 0$ かつ $a \neq 1$）

微分計算（3つの公式）

簡単のため，$f(x)=f$，$g(x)=g$ と略記するよ。

(1) $(f \cdot g)' = f' \cdot g + f \cdot g'$

(2) $\left(\dfrac{g}{f}\right)' = \dfrac{g' \cdot f - g \cdot f'}{f^2}$ ← $\left(\dfrac{\text{分子}}{\text{分母}}\right)' = \dfrac{(\text{分子})' \cdot \text{分母} - \text{分子} \cdot (\text{分母})'}{(\text{分母})^2}$ と口づさみながら覚えると忘れないと思う！

(3) 合成関数の微分

$$y' = \frac{dy}{dx} = \frac{dy}{dt} \cdot \frac{dt}{dx}$$ ← 複雑な関数は，まず，y を t の関数と考えると，うまく微分できる！

前にやった $f(x)=x^3$ の導関数は，(1) $(x^\alpha)' = \alpha x^{\alpha-1}$ を使えば $f'(x)=(x^3)'=3x^2$ と，アッサリ求まるんだね。この他にも，

(1) $y = 2\sin x - \cos x$ を微分すると，

・たし算，引き算は項別に微分できる。
・定数の係数は別にして後でかける。

$$y' = (2\sin x - \cos x)' = 2\underbrace{(\sin x)'}_{\cos x} - \underbrace{(\cos x)'}_{-\sin x} = 2\cos x + \sin x$$

(2) $y = \log(\cos x)$ を微分すると，

$(\log f)' = \dfrac{f'}{f}$ を使った！

$$y' = \{\log(\cos x)\}' = \frac{\overbrace{(\cos x)'}^{-\sin x}}{\cos x} = -\frac{\sin x}{\cos x} = -\tan x$$ となる。

それでは，3 つの公式も利用して，導関数をいくつか求めてみよう。微分計算というのも，慣れが大切だから繰り返し練習するといいんだよ。

◆例題 6◆

次の関数を微分して，導関数を求めよ。

(1) $y = x\sqrt{x}$　　(2) $y = x \cdot \log x$

(3) $y = \dfrac{x-1}{x+1}$　　(4) $y = (2x-1)^5$

解答　(1) $y = x\sqrt{x} = x \cdot x^{\frac{1}{2}} = x^{1+\frac{1}{2}} = x^{\frac{3}{2}}$ より，これを微分して，

$$y' = (x^{\frac{3}{2}})' = \frac{3}{2}x^{\frac{1}{2}} = \frac{3}{2}\sqrt{x} \quad \cdots\cdots(\text{答})$$ ← $(x^\alpha)' = \alpha x^{\alpha-1}$ を使った！

45

(2) $y = x \cdot \log x$ を微分して，

$$y' = (x \cdot \log x)' = \underbrace{(x')}_{1} \cdot \log x + x \underbrace{(\log x)'}_{\frac{1}{x}} \qquad \boxed{\text{公式}: (f \cdot g)' = f' \cdot g + f \cdot g' \text{ を使った！}}$$

$$= 1 \cdot \log x + \not{x} \cdot \frac{1}{\not{x}} = \log x + 1 \quad \cdots\cdots\cdots\cdots\cdots\cdots\text{(答)}$$

(3) $y' = \left(\dfrac{x-1}{x+1}\right)' = \dfrac{\underbrace{(x-1)'}_{1} \cdot (x+1) - (x-1)\underbrace{(x+1)'}_{1}}{(x+1)^2}$

$$= \frac{\not{x}+1-(\not{x}-1)}{(x+1)^2} = \frac{2}{(x+1)^2} \quad \cdots\cdots\cdots\text{(答)} \qquad \boxed{\text{公式}: \left(\dfrac{g}{f}\right)' = \dfrac{g' \cdot f - g \cdot f'}{f^2} \text{ を使った！}}$$

(4) $y = (\underbrace{2x-1}_{t})^5$ を展開して，微分するのはメンドウなので，次の合成関数の微分の公式を使うといいよ。

$$y' = \boxed{\dfrac{dy}{dx}} = \boxed{\dfrac{dy}{dt}} \cdot \boxed{\dfrac{dt}{dx}}$$

（これは，y を x で微分するという意味。／y を t で微分／t を x で微分／見かけ上，dt で割った分 dt をかけている形だね。）

ここで，$2x-1 = t$ とおくと，$y = t^5$ より，

$$y' = \frac{dy}{dx} = \frac{d\overset{(t^5)}{\overbrace{(y)}}}{dt} \cdot \frac{d\overset{(2x-1)}{\overbrace{(t)}}}{dx} = \frac{d(t^5)}{dt} \cdot \frac{d(2x-1)}{dx}$$

（$(2x-1)$ を x で微分／$(2x-1)$ に戻す！／t^5 を t で微分）

$$= 5\underline{(t)}^4 \cdot \underline{2} = 10(2x-1)^4 \quad \cdots\cdots\cdots\cdots\cdots\cdots\cdots\text{(答)}$$

ここで，微分公式の補足をしておこう。自然対数 $\log x$ の微分は，

$(\log x)' = \dfrac{1}{x}$ $(x > 0)$ だけれど，この x の定義域を $\underline{x \neq 0}$ と拡張した公式

（つまり $x > 0$ または $x < 0$）

$(\log |x|)' = \dfrac{1}{x}$ $(x \neq 0)$ も覚えておこう。$x > 0$ のときは，従来通りだけれど，

$x < 0$ のときでも，$|\underset{\ominus}{\underline{x}}| = \underset{\oplus}{\underline{-x}}$ より， $\boxed{\text{公式}: (\log f)' = \dfrac{f'}{f} \text{ を使った。}}$

$(\log |x|)' = \{\log(-x)\}' = \dfrac{(-x)'}{-x} = \dfrac{-1}{-x} = \dfrac{1}{x}$ となるからだ。大丈夫？

同様に，公式：$\{\log f(x)\}' = \dfrac{f'(x)}{f(x)}\ (f(x) > 0)$ も $\{\log |f(x)|\}' = \dfrac{f'(x)}{f(x)}\ (f(x) \neq 0)$
と覚えておこう。

◆ 例題 7 ◆

$y = \dfrac{(x+1)^4}{(2x+1)^2}$ ……① $\left(x \neq -\dfrac{1}{2}\right)$ の両辺の絶対値の自然対数をとって，微分することにより，導関数 $y' = \dfrac{dy}{dx}$ を求めよ。

解答　①の両辺の絶対値の自然対数をとると，

$\log |y| = \log \left| \dfrac{(x+1)^4}{(2x+1)^2} \right| = \log \dfrac{|x+1|^4}{|2x+1|^2} = \log |x+1|^{④} - \log |2x+1|^{②}$ より，

$\log |y| = 4\log |x+1| - 2\log |2x+1|$ ……② となる。②の両辺を微分すると，

$(\log |y|)' = 4(\log |x+1|)' - 2(\log |2x+1|)'$

$\boxed{\dfrac{(x+1)'}{x+1} = \dfrac{1}{x+1}}$　$\boxed{\dfrac{(2x+1)'}{(2x+1)} = \dfrac{2}{2x+1}}$ ← 公式：$\log |f| = \dfrac{f'}{f}$

$\boxed{\dfrac{d}{dx}(\log |y|) = \dfrac{dy}{dx} \cdot \dfrac{d}{dy}(\log |y|) = \dfrac{1}{y} \cdot \dfrac{dy}{dx}}$ ← 合成関数の微分の考え方とまったく同じだね

まず，$\log |y|$ を y で微分して，$\dfrac{1}{y}$ となる。これに $\dfrac{dy}{dx}$ がかかる。

$\therefore \dfrac{1}{y}\dfrac{dy}{dx} = \dfrac{4}{x+1} - \dfrac{4}{2x+1} = \dfrac{4(2x+1) - 4(x+1)}{(x+1)(2x+1)} = \dfrac{4x}{(x+1)(2x+1)}$ となる。

この両辺に y をかけて，

$y' = \dfrac{dy}{dx} = \dfrac{4x}{(x+1)(2x+1)} \cdot y = \dfrac{4x}{(x+1)(2x+1)} \cdot \dfrac{(x+1)^4}{(2x+1)^2} = \dfrac{4x(x+1)^3}{(2x+1)^3}$ …(答)

このような，y' の求め方を "**対数微分法**" というんだよ。面白かった？

さらに $\left(\dfrac{g}{f}\right)'$ の特別な場合として，$\left(\dfrac{1}{f}\right)'$ を求めると，$\left(\dfrac{1}{f}\right)' = \dfrac{0 \cdot f - 1 \cdot f'}{f^2}$

よって，$\left\{\dfrac{1}{f(x)}\right\}' = -\dfrac{f'(x)}{\{f(x)\}^2}$ となる。これも公式として覚えておくといいよ。

微分係数の定義式

(1) $f'(a) = 1$ のとき，極限 $\lim\limits_{h \to 0} \dfrac{f(a+2h) - f(a-h)}{h}$ を求めよ。

(2) $\lim\limits_{h \to 0} \dfrac{\sin h}{h} = 1$ を用いて，$(\sin x)' = \cos x$ を示せ。

ヒント！ (1) は，うまく変形して，(i) と (ii) の微分係数の定義式を利用する
といいよ。(2) は，$f(x) = \sin x$ とおいて，導関数の定義式を使う。差→積の公式
を使うこともポイントだよ。

解答 & 解説

(1) $f'(a) = 1$ より，求める極限は，

$f(a)$ を引いた分，たすとうまくいく！

$$\lim_{h \to 0} \frac{\{f(a+2h) - f(a)\} + \{f(a) - f(a-h)\}}{h}$$

$$= \lim_{\substack{h \to 0 \\ (k \to 0)}} \left\{ \frac{f(a + \overset{k}{2h}) - f(a)}{\underset{k}{2h}} \times 2 + \frac{f(a) - f(a-h)}{h} \right\}$$

（ ii ）の微分係数の定義式だ！

$2h = k$ とおくと，$h \to 0$ のとき，$k \to 0$ となるから，
(i) の微分係数の定義式 $\lim\limits_{k \to 0} \dfrac{f(a+k) - f(a)}{k} = f'(a)$ が使える！

$$= f'(a) \times 2 + f'(a) = 3 \cdot \underset{①}{\boxed{f'(a)}} = 3 \quad \cdots\cdots\cdots\cdots\cdots\text{（答）}$$

(2) $f(x) = \sin x$ とおくと，$f'(x) = (\sin x)'$ は，

$$(\sin x)' = f'(x) = \lim_{h \to 0} \frac{f(x+h) - f(x)}{h}$$

差→積の公式
$\sin(\alpha + \beta) - \sin(\alpha - \beta)$
$= 2\cos\alpha\sin\beta$
を使った！

$$= \lim_{h \to 0} \frac{\overset{2\cos\left(x + \frac{h}{2}\right)\sin\frac{h}{2}}{\sin(x+h) - \sin x}}{h}$$

$$= \lim_{\substack{h \to 0 \\ (h' \to 0)}} \underset{h'}{\boxed{\frac{\overset{1}{\sin\frac{h}{2}}}{\underset{h'}{\frac{h}{2}}}}} \cdot \cos\left(x + \overset{0}{\frac{h}{2}}\right) = \cos x \quad \cdots\cdots\cdots\cdots\text{（終）}$$

微分係数の定義式

関数 $f(x)$ が $x=a$ において微分可能であるとき，

次の各極限値を，a, $f(a)$, $f'(a)$ で表せ。

(1) $\displaystyle\lim_{x \to a} \frac{\{f(x)\}^2 - \{f(a)\}^2}{x-a}$

(2) $\displaystyle\lim_{x \to a} \frac{\{af(x)\}^2 - \{xf(a)\}^2}{x-a}$

ヒント！　いずれも $\dfrac{0}{0}$ の不定形の極限の問題だね。微分係数 $f'(a)$ の定義式：

$f'(a) = \displaystyle\lim_{x \to a} \dfrac{f(x)-f(a)}{x-a}$ をうまく利用して，解いていこう。

解答＆解説

$f(x)$ は $x=a$ で微分可能より，微分係数 $f'(a) = \displaystyle\lim_{x \to a} \dfrac{f(x)-f(a)}{x-a}$ …(*) が存在する。

(1) $\displaystyle\lim_{x \to a} \frac{\{f(x)\}^2 - \{f(a)\}^2}{x-a} = \lim_{x \to a} \frac{\{f(x)-f(a)\} \cdot \{f(x)+f(a)\}}{x-a}$ ← $\dfrac{0}{0}$ の不定形

$= \displaystyle\lim_{x \to a} \underbrace{\frac{f(x)-f(a)}{x-a}}_{f'(a)\,((*)\text{より})} \cdot \underbrace{\{f(x)+f(a)\}}_{f(a)} = f'(a) \cdot 2f(a) = 2f'(a) \cdot f(a)$ ……(答)

(2) $\displaystyle\lim_{x \to a} \frac{\{af(x)\}^2 - \{xf(a)\}^2}{x-a}$ ← $\dfrac{0}{0}$ の不定形だね。この場合は，分子に，実質 0 だけど $-a^2 \cdot \{f(a)\}^2 + a^2 \cdot \{f(a)\}^2$ を加えるとうまくいく！

$= \displaystyle\lim_{x \to a} \frac{[a^2 \cdot \{f(x)\}^2 - a^2 \cdot \{f(a)\}^2] - [x^2 \cdot \{f(a)\}^2 - a^2 \cdot \{f(a)\}^2]}{x-a}$

$= \displaystyle\lim_{x \to a} \left[a^2 \cdot \underbrace{\frac{\{f(x)\}^2 - \{f(a)\}^2}{x-a}}_{\frac{f(x)-f(a)}{x-a}\{f(x)+f(a)\}} - \{f(a)\}^2 \cdot \underbrace{\frac{x^2-a^2}{x-a}}_{\frac{(x+a)(x-a)}{x-a}=(x+a)} \right]$

$= \displaystyle\lim_{x \to a} \left[a^2 \cdot \underbrace{\frac{f(x)-f(a)}{x-a}}_{f'(a)} \underbrace{\{f(x)+f(a)\}}_{f(a)} - \{f(a)\}^2 \underbrace{(x+a)}_{a} \right]$

$= a^2 \cdot f'(a) \cdot 2f(a) - \{f(a)\}^2 \cdot 2a = 2af(a)\{af'(a) - f(a)\}$ ……………(答)

49

$f(x) = e^x$ の微分係数 $f'(0)$

指数関数 $f(x) = e^x$ のネイピア数 e は，$f'(0) = \lim\limits_{h \to 0} \dfrac{f(0+h) - f(0)}{h} = 1 \cdots (*)$

をみたすように定められた定数である。この $(*)$ から，次の 2 つの e の公式：

(i) $\lim\limits_{x \to 0} \dfrac{\log(1+x)}{x} = 1 \cdots\cdots (*1)$ と (ii) $\lim\limits_{x \to 0} (1+x)^{\frac{1}{x}} = e \cdots\cdots (*2)$ を導け。

ヒント！ $f'(0) = \lim\limits_{h \to 0} \dfrac{e^h - 1}{h} = 1 \cdots (*)$ について，まず，$e^h - 1 = x$ とおいて，$(*1)$

を導き，$(*1)$ を基にして，$(*2)$ を導けばいいんだね。

解答&解説

$f(x) = e^x$ の微分係数 $f'(0) = 1 \cdots\cdots (*)$ は，$f'(0)$ の定義式を用いると，

$$f'(0) = \lim_{h \to 0} \frac{f(0+h) - f(0)}{h} = \lim_{h \to 0} \frac{e^{0+h} - e^0}{h} = \boxed{\lim_{h \to 0} \frac{e^h - 1}{h} = 1} \cdots\cdots (*)' \text{ となる。}$$

(i) $(*)'$ について，$e^h - 1 = x \cdots\cdots ①$ とおくと，

$h \to 0$ のとき，$x = e^h - 1 \to e^0 - 1 = 0$ となり，

また，① より，$e^h = 1 + x$　∴ $h = \log(1+x)$ となる。

よって，$(*)'$ の h による極限の式を，x による極限の式に書き替えると，

$$\lim_{h \to 0} \frac{e^h - 1}{h} = \lim_{x \to 0} \frac{x}{\log(1+x)} = \lim_{x \to 0} \frac{1}{\dfrac{\log(1+x)}{x}} = 1 \text{ となる。これから，公式：}$$

$$\lim_{x \to 0} \frac{\log(1+x)}{x} = 1 \cdots\cdots (*1) \text{ が導ける。} \cdots\cdots\cdots\cdots\cdots\cdots (終)$$

(ii) $(*1)$ の左辺をさらに変形すると，

$$\lim_{x \to 0} \boxed{\frac{1}{x}} \log(1+x) = \boxed{\lim_{x \to 0} \log(1+x)^{\frac{1}{x}} = 1} \ (= (*1) \text{ の右辺) となる。}$$

これから，公式：

$$\lim_{x \to 0} (1+x)^{\frac{1}{x}} = e \cdots\cdots (*2) \text{ が導ける。} \cdots\cdots\cdots\cdots\cdots\cdots (終)$$

微分計算の基本

| 絶対暗記問題 13 | 難易度 ★ | CHECK*1* | CHECK*2* | CHECK*3* |

次の関数を微分せよ。

(1) $y = x^2\sqrt{x}$ $(x \geqq 0)$　　(2) $y = x \cdot \log x$ $(x > 0)$　　(3) $y = \dfrac{\log x}{x}$ $(x > 0)$

(4) $y = \sin^3 x$　　　　　　(5) $y = \tan\left(\dfrac{\pi}{2}x\right)$ $(-1 < x < 1)$

ヒント！ 微分計算の基本問題だね。様々な問題を解いて，微分計算に慣れよう。特に，(4) と (5) は合成関数の微分だね。

解答 & 解説

(1) $y' = \left(x^2 \cdot \sqrt{x}\right)' = \left(x^2 \cdot x^{\frac{1}{2}}\right)' = \left(x^{\frac{5}{2}}\right)' = \dfrac{5}{2}x^{\frac{3}{2}}$　←　公式 : $(x^\alpha)' = \alpha \cdot x^{\alpha-1}$

$= \dfrac{5}{2}x\sqrt{x}$　………………………………………………………(答)

(2) $y' = (x \cdot \log x)' = x' \cdot \log x + x \cdot (\log x)'$　←　公式 : $(f \cdot g)' = f' \cdot g + f \cdot g'$　$(\log x)' = \dfrac{1}{x}$

$= 1 \cdot \log x + x \cdot \dfrac{1}{x} = \log x + 1$　………………………(答)

(3) $y' = \left(\dfrac{\log x}{x}\right)' = \dfrac{(\log x)' \cdot x - \log x \cdot x'}{x^2}$　←　$\left(\dfrac{g}{f}\right)' = \dfrac{g' \cdot f - g \cdot f'}{f^2}$

$= \dfrac{\dfrac{1}{x} \cdot x - \log x \cdot 1}{x^2} = \dfrac{1 - \log x}{x^2}$　……………………………(答)

(4) $y = (\sin x)^3$ の $\sin x = t$ とおいて，

$y' = \dfrac{dy}{dx} = \dfrac{d(t^3)}{dt} \cdot \dfrac{d(\sin x)}{dx} = 3 \cdot \underbrace{t^2}_{\boxed{\sin^2 x}} \cdot \cos x = 3 \cdot \sin^2 x \cdot \cos x$　…………(答)

(5) $y = \tan\left(\dfrac{\pi}{2}x\right)$ の $\dfrac{\pi}{2}x = t$ とおいて，

$y' = \dfrac{dy}{dx} = \dfrac{d(\tan t)}{dt} \cdot \dfrac{d\left(\dfrac{\pi}{2}x\right)}{dx} = \dfrac{1}{\cos^2 t} \cdot \dfrac{\pi}{2}$

$= \dfrac{\pi}{2} \cdot \dfrac{1}{\cos^2\left(\dfrac{\pi}{2}x\right)} = \dfrac{\pi}{2\cos^2\left(\dfrac{\pi}{2}x\right)}$　……………………………(答)

微分計算の基本

次の関数を微分せよ。

(1) $y = e^x \cdot \sin x$　　　　(2) $y = \dfrac{e^x}{x}$　　　　(3) $y = e^{-2x}$

(4) $y = \cos 2x$　　　　(5) $y = \cos^2 x$

ヒント！ (1) は関数の積の微分で，(2) は商の微分だから公式通りだね。(3)(4) (5) はすべて合成関数の微分だ！ 微分計算に慣れよう！

解答 & 解説

(1) $y' = (e^x \cdot \sin x)' = \overset{e^x}{(\underline{(e^x)'})} \cdot \sin x + e^x \cdot \overset{\cos x}{(\underline{(\sin x)'})}$

公式：$(f \cdot g)' = f' \cdot g + f \cdot g'$

$= e^x \sin x + e^x \cos x = e^x(\sin x + \cos x)$ ……………………(答)

(2) $y' = \left(\dfrac{e^x}{x}\right)' = \dfrac{\overset{e^x}{(\underline{(e^x)'})} \cdot x - e^x \cdot \overset{1}{(\underline{x'})}}{x^2}$

公式：$\left(\dfrac{g}{f}\right)' = \dfrac{g' \cdot f - g \cdot f'}{f^2}$

$= \dfrac{e^x(x-1)}{x^2}$ ……………………………………(答)

(3) $y = e^{-2x}$ の $-2x$ を t とおいて，

合成関数の微分公式：$\dfrac{dy}{dx} = \dfrac{dy}{dt} \cdot \dfrac{dt}{dx}$

$y' = \dfrac{dy}{dx} = \dfrac{d(\overset{y}{\underline{(e^t)}})}{dt} \cdot \dfrac{d(\overset{t}{\underline{(-2x)}})}{dx} = e^{\overset{-2x}{\underline{\square}}} \cdot (-2) = -2e^{-2x}$ …………………(答)

(4) $y = \cos\overset{t}{\underline{(2x)}}$ の $2x$ を t とおくと，

$y' = \dfrac{dy}{dx} = \dfrac{d(\overset{y}{\underline{(\cos t)}})}{dt} \cdot \dfrac{d(\overset{t}{\underline{(2x)}})}{dx}$

公式：$\dfrac{dy}{dx} = \dfrac{dy}{dt} \cdot \dfrac{dt}{dx}$

$= -\sin\overset{2x}{\underline{t}} \times 2 = -2\sin 2x$ ……………………………(答)

文字は t でも，u でも，何でもいい。

(5) $y = \overset{u}{\underline{\cos^2 x}}$ の $\cos x$ を u とおくと，

$y' = \dfrac{dy}{dx} = \dfrac{d(\overset{y}{\underline{(u^2)}})}{du} \cdot \dfrac{d(\overset{u}{\underline{(\cos x)}})}{dx}$

公式：$\dfrac{dy}{dx} = \dfrac{dy}{du} \cdot \dfrac{du}{dx}$

$= 2\overset{\cos x}{\underline{u}} \cdot (-\sin x) = -2\sin x \cdot \cos x$ ……………………(答)

微分計算の応用

| 絶対暗記問題 15 | 難易度 ★★ | CHECK1 | CHECK2 | CHECK3 |

次の関数を微分せよ。

(1) $y = e^{-x} \cdot \sin 2x$

(2) $y = \dfrac{e^{-x^2}}{x}$

(3) $y = \tan^2 3x$

ヒント! (1)(2) は関数の積や商の微分と, 合成関数の微分の融合問題だ。(3) は, 合成関数の微分を 2 回使う形のものだよ。

解答 & 解説

公式: $(f \cdot g)' = f' \cdot g + f \cdot g'$

(1) $y' = (e^{-x} \cdot \sin 2x)' = (e^{-x})' \cdot \sin 2x + e^{-x} \cdot (\sin 2x)'$

t とおく

$\dfrac{d(e^t)}{dt} \cdot \dfrac{d(-x)}{dx} = e^t \cdot (-1) = -e^{-x}$

u

$\dfrac{d(\sin u)}{du} \cdot \dfrac{d(2x)}{dx} = (\cos u) \times 2 = 2\cos 2x$

$= -e^{-x} \cdot \sin 2x + 2e^{-x} \cdot \cos 2x$ 合成関数の微分!

$= e^{-x}(2\cos 2x - \sin 2x)$ ……………………(答)

(2) $y' = \left(\dfrac{e^{-x^2}}{x}\right)' = \dfrac{(e^{-x^2})' \cdot x - e^{-x^2} \cdot x'}{x^2}$

t とおく

公式: $\left(\dfrac{g}{f}\right)' = \dfrac{g' \cdot f - g \cdot f'}{f^2}$

$\dfrac{d(e^t)}{dt} \cdot \dfrac{d(-x^2)}{dx} = e^t \cdot (-2x) = -2x \cdot e^{-x^2}$

$= \dfrac{-2x \cdot e^{-x^2} \cdot x - e^{-x^2}}{x^2} = -\dfrac{(2x^2+1)e^{-x^2}}{x^2}$ ……………(答)

(3) $y = \tan^2 3x$ の $\tan 3x = u$ とおくと, $y = u^2$ より,

これを, さらに θ とおく。

$y' = ((\tan 3x)^2)' = 2 \cdot \tan 3x \cdot (\tan 3x)'$

$\dfrac{dy}{du} = 2u$

$\dfrac{du}{dx} = \dfrac{d(\tan\theta)}{d\theta} \cdot \dfrac{d(3x)}{dx} = \dfrac{1}{\cos^2\theta} \cdot 3 = \dfrac{3}{\cos^2 3x}$

これは $\dfrac{6\sin 3x}{\cos^3 3x}$ を答えにしてもいいよ。

合成関数の微分の中の合成関数の微分だね。

$= 2\tan 3x \cdot \dfrac{3}{\cos^2 3x} = \dfrac{6\tan 3x}{\cos^2 3x}$ ……………………(答)

対数微分法

次の関数を微分して導関数 y' を求めよ。

(1) $y = (\sqrt{x})^{\frac{1}{x}}$ 　$(x > 0)$ 　　　　(2) $y = x^{\log x}$ 　$(x > 1)$

ヒント！ (1), (2) 共に $y = (x\text{の式})^{(x\text{の式})}$ の形をしているので，直接微分するのは難しい。この場合は，まず両辺が正であることを確かめて，両辺の自然対数をとって微分しよう！

解答＆解説

(1) $y = (\sqrt{x})^{\frac{1}{x}} = \left(x^{\frac{1}{2}}\right)^{\frac{1}{x}} = x^{\frac{1}{2x}}$ ……① $(x > 0)$ について，

①の両辺は共に正より，真数条件をみたす。よって，この両辺の自然対数をとると，$\log y = \log x^{\frac{1}{2x}} = \dfrac{1}{2x}\log x$ ……② となる。

②の両辺を x で微分すると，

$$(\log y)' = \left(\frac{\log x}{2x}\right)' \quad\boxed{\frac{1}{2}\left(\frac{\log x}{x}\right)' = \frac{1}{2}\cdot\frac{(\log x)'x - (\log x)\cdot x'}{x^2} = \frac{1}{2}\cdot\frac{\frac{1}{x}\cdot x - 1\cdot\log x}{x^2}}$$

$$\boxed{\frac{d}{dx}(\log y) = \frac{d(\log y)}{dy}\cdot\frac{dy}{dx} = \frac{1}{y}\cdot y'}$$

$$\frac{1}{y}\cdot y' = \frac{1 - \log x}{2x^2} \quad \therefore y' = y\cdot\frac{1 - \log x}{2x^2} = (\sqrt{x})^{\frac{1}{x}}\cdot\frac{1 - \log x}{2x^2} \quad\text{……………(答)}$$

(2) $y = x^{\log x}$ ……③ $(x > 1)$ について，

③の両辺は正より，この両辺の自然対数をとって，

$\log y = \log x^{(\log x)} = \log x \cdot \log x = (\log x)^2$ ……④ となる。

④の両辺を x で微分すると，

$$(\log y)' = \{(\log x)^2\}' \qquad\qquad \frac{1}{y}\cdot y' = \frac{2}{x}\log x$$

$$\boxed{\frac{1}{y}\cdot y'} \quad \boxed{2\cdot\log x\cdot(\log x)' = \frac{2}{x}\cdot\log x}$$

$$\therefore y' = y\cdot\frac{2}{x}\log x = x^{\log x}\cdot\frac{2}{x}\log x = 2x^{\log x - 1}\cdot\log x \quad\text{………………(答)}$$

逆関数の微分

絶対暗記問題 17	難易度 ★★		CHECK1	CHECK2	CHECK3

公式：$(e^x)' = e^x$ を用いて，$(\log x)' = \dfrac{1}{x}$ が成り立つことを示せ。

ヒント！ 一般に，$y = f(x)$ ……① の導関数 $y' = \dfrac{dy}{dx}$ は，①の逆関数が存在して，$x = f^{-1}(y)$ と表されるとき，次の公式で求めることができるんだね。

$y' = \dfrac{dy}{dx} = \dfrac{1}{\dfrac{dx}{dy}}$ ← 分母・分子を見かけ上 dy で割った形だ！ これを "逆関数の微分法" という。

解答＆解説

$(e^x)' = e^x$ より，$(e^y)' = e^y$ ……① となる。

文字変数は x でも y でも何でもかまわない。

ここで，$y = \log x$ ……② とおいて，

①を用いて，この導関数 y' を求める。

②を変形すると，$x = e^y$ ……③

よって，②の x を y で微分すると，

$\dfrac{dx}{dy} = (e^y)' = e^y = x$ ……④ （①，③ より）

よって，求める導関数 $y' = (\log x)'$ は，

$y' = (\log x)' = \dfrac{dy}{dx} = \dfrac{1}{\dfrac{dx}{dy}} = \dfrac{1}{x}$ （④ より）

$\therefore (\log x)' = \dfrac{1}{x}$ ……………………………………………………(答)

$(e^x)' = e^x$ は，

$(e^x)' = \displaystyle\lim_{h \to 0} \dfrac{e^{x+h} - e^x}{h}$ ← $e^x e^h$

$= \displaystyle\lim_{h \to 0} e^x \cdot \dfrac{e^h - 1}{h}$ ← 1

$= e^x$ により示せるね。

$y = \log x$ と $y = e^x$ は，逆関数の関係なので，逆関数の微分法を利用した！

頻出問題にトライ・3	難易度 ★★		CHECK1	CHECK2	CHECK3

関数 $f(x)$，$g(x)$ が微分可能のとき，導関数の定義式を使って公式：
$\{f(x) \cdot g(x)\}' = f'(x) \cdot g(x) + f(x) \cdot g'(x)$ が成り立つことを示せ。

（お茶の水女子大＊）

解答は P170

§2. 微分計算の応用にもチャレンジしよう！

前回で，微分計算の基本を教えたので，今回は，"媒介変数表示された関数"や"$f(x, y) = k$の形の関数"の微分，それに，"高次導関数"など，微分計算の応用について解説しよう。

● 媒介変数表示された曲線の導関数を求めよう！

媒介変数表示された曲線の導関数 y' は，次のように求められる。

媒介変数表示の関数の導関数

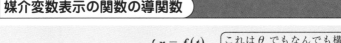

媒介変数表示された関数 $\begin{cases} x = f(t) \\ y = g(t) \end{cases}$ (t：媒介変数) の導関数

（これは θ でもなんでも構わない）

y' は，次のように求める。

$$y' = \frac{dy}{dx} = \frac{\dfrac{dy}{dt}}{\dfrac{dx}{dt}}$$

（$\dfrac{dx}{dt} = \dfrac{df(t)}{dt}$ と $\dfrac{dy}{dt} = \dfrac{dg(t)}{dt}$ を別々に求めて，このように割り算の形にして，導関数 y' を求めるんだね。）

（見かけ上，分子分母を dt で割った形だ）

したがって，この場合，導関数 y' は (t の式) で表されることになるよ。

◆例題 8 ◆

サイクロイド曲線 $\begin{cases} x = a(\theta - \sin\theta) \\ y = a(1 - \cos\theta) \end{cases}$ （a：定数，θ：媒介変数）

の導関数 y' を求め，$\theta = \dfrac{\pi}{2}$ のときの微分係数を求めよ。

解答 $\begin{cases} \dfrac{dx}{d\theta} = \{a(\theta - \sin\theta)\}' = a(1 - \cos\theta) \quad \cdots\cdots\cdots\cdots\cdots① \\ \dfrac{dy}{d\theta} = \{a(1 - \cos\theta)\}' = -a \cdot (-\sin\theta) = a\sin\theta \quad \cdots\cdots② \end{cases}$

よって，①・②より，求める導関数 y' は，

（媒介変数は，t でなくて，θ でもなんでも構わない！）

$$y' = \frac{dy}{dx} = \frac{\boxed{\dfrac{dy}{d\theta}}}{\boxed{\dfrac{dx}{d\theta}}} = \frac{a\sin\theta}{a(1-\cos\theta)} = \frac{\sin\theta}{1-\cos\theta} \quad\cdots\cdots\text{(答)}$$

$a\sin\theta$（②より）

$a(1-\cos\theta)$（①より）

また，$\theta = \dfrac{\pi}{2}$ のときの微分係数は，

$$\frac{dy}{dx} = \frac{\boxed{\sin\dfrac{\pi}{2}}^{\,1}}{1-\boxed{\cos\dfrac{\pi}{2}}_{\,0}} = \frac{1}{1-0} = 1 \quad\cdots\cdots\text{(答)}$$

● $f(x, y) = k$ の形の導関数も求めよう！

円：$x^2 + y^2 = r^2$ や，だ円 $\dfrac{x^2}{a^2} + \dfrac{y^2}{b^2} = 1$ など，$f(x, y) = k$（定数）の形を

した関数の導関数 y' の求め方も勉強しよう。これは，次の円の方程式を

使って，具体的に解説しよう。

円：$x^2 + y^2 = \underset{\boxed{\text{半径 2 の円}}}{4}$ ……① の導関数 $y' = \dfrac{dy}{dx}$ を求めたいとき，①の両辺をいき

なり，バッサリと $(?)$ x で微分すればいいんだよ。

$$(x^2 + y^2)' = \underset{\boxed{0\,(\text{定数の微分は 0 だね})}}{4'}$$

$$\underset{\boxed{2x}}{(x^2)'} + \underset{\boxed{\dfrac{d(y^2)}{dx} = \dfrac{dy}{dx}\cdot\dfrac{d(y^2)}{dy} = 2y\cdot\dfrac{dy}{dx}}}{(y^2)'} = 0$$

$2y$

y^2 は，y の関数なので，まず y で
微分して，それに $\dfrac{dy}{dx}$ をかける。
これは，合成関数の微分の考え
方と同じだね。

$$2x + 2y \cdot \frac{dy}{dx} = 0 \qquad よって，求める導関数 $y' = \dfrac{dy}{dx}$ は，$$

$$y' = \frac{dy}{dx} = -\frac{2x}{2y} = -\frac{x}{y} \quad となる。 \quad\cdots\cdots\cdots\text{(答)}$$

だ円 $: \dfrac{x^2}{4} + \dfrac{y^2}{2} = 1$ の導関数を求めよ。また，$x = \sqrt{2}$，$y = 1$ のときの微分係数を求めよ。

解答　だ円 $: \dfrac{x^2}{4} + \dfrac{y^2}{2} = 1$ ……①の両辺を x で微分して，

$$\dfrac{1}{4}\underbrace{(x^2)'}_{2x} + \dfrac{1}{2}\underbrace{(y^2)'}_{} = 0$$

$$\dfrac{d(y^2)}{dx} = \dfrac{dy}{dx} \cdot \dfrac{d(y^2)}{dy} = 2y \cdot \dfrac{dy}{dx}$$

$$\dfrac{2}{4}x + \dfrac{2y}{2} \cdot \dfrac{dy}{dx} = 0 \qquad y \cdot \dfrac{dy}{dx} = -\dfrac{x}{2}$$

> $f(x,\ y) = k$ の形の関数の導関数 y' は，このように，x と y の式になる。

∴求める導関数 y' は，$y' = \dfrac{dy}{dx} = -\dfrac{x}{2y}$ ……………………………(答)

また，$\underline{x = \sqrt{2},\ y = 1}$ のときの微分係数は，これを y' の式に代入して，

> これを①に代入して，$\dfrac{(\sqrt{2})^2}{4} + \dfrac{1^2}{2} = 1$ をみたすので，$(\sqrt{2},\ 1)$ はだ円上の点

$$y' = \dfrac{dy}{dx} = -\dfrac{\sqrt{2}}{2 \cdot 1} = -\dfrac{\sqrt{2}}{2} \quad \text{となる。} \qquad \text{……………………………(答)}$$

● 高次導関数もマスターしよう！

$y = f(x)$ が微分可能のとき，この導関数は，1 回微分できて，

$$y' = f'(x) = \dfrac{dy}{dx} = \dfrac{d}{dx}f(x) \qquad \text{などと表したね。} \quad \leftarrow \boxed{\text{これを第 1 次導関数とも呼ぶ}}$$

そして，これがさらに微分可能なら，もう 1 回微分できて，

$$y'' = f''(x) = \dfrac{d^2y}{dx^2} = \dfrac{d^2}{dx^2}f(x) \qquad \text{などと表せ，これを第 2 次導関数という。}$$

そして，これがさらに微分可能ならば，これを微分して，第 3 次導関数

$$y''' = f'''(x) = \dfrac{d^3y}{dx^3} = \dfrac{d^3}{dx^3}f(x) \quad \text{を求めることができる。}$$

一般に，2 次以上の導関数を "**高次導関数**" といい，$y = f(x)$ を n 回微分した第 n 次導関数は

$$y^{(n)} = f^{(n)}(x) = \frac{d^n y}{dx^n} = \frac{d^n}{dx^n} f(x)$$ などと表し，この n が $n \geq 2$ のとき高次

> したがって，$y''' = f'''(x)$ は $y^{(3)} = f^{(3)}(x)$ と表しても同じことだ。これは " ´ " をたくさんつけるにはムリがあるので，このような表記法にしたんだろうね。

導関数と呼ぶんだね。大丈夫？ では，実際に高次導関数を求めてみよう。

$(ex1)$ $y = x^3$ の第 n 次導関数 $(n = 1, 2, 3, \cdots\cdots)$ を求めよう。

$$y' = (x^3)' = 3x^2, \quad y'' = (3x^2)' = 6x, \quad y''' = (6x)' = 6,$$
$$y^{(4)} = (6)' = 0, \quad y^{(5)} = (0)' = 0, \cdots\cdots$$
$$\therefore y' = 3x^2, \ y'' = 6x, \ y''' = 6, \qquad n \geq 4 \text{ のとき } y^{(n)} = 0 \text{ となる。}$$

$(ex2)$ $y = e^{-x}$ の第 n 次導関数 $(n = 1, 2, 3, \cdots\cdots)$ を求めよう。

$$y' = (e^{-x})' = \underline{(-x)' \cdot e^{-x}} = -e^{-x} \qquad y'' = (-e^{-x})' = -(e^{-x})' = e^{-x}$$

> $-x = t$ とおいて，
> $$\frac{de^{-x}}{dx} = \frac{dt}{dx} \cdot \frac{e^t}{dt} = (-1) \cdot e^t = -e^{-x}$$ と合成関数の微分をした。

$$y''' = (e^{-x})' = -e^{-x} \qquad y^{(4)} = (-e^{-x})' = e^{-x}, \cdots\cdots$$
$$\therefore n = 1, 3, 5, \cdots\cdots \text{ の奇数のとき} \qquad y^{(n)} = -e^{-x}$$
$$n = 2, 4, 6, \cdots\cdots \text{ の偶数のとき} \qquad y^{(n)} = e^{-x} \qquad \text{となる。}$$

$(ex3)$ $y = \sin x$ の第 n 次導関数 $(n = 1, 2, 3, \cdots\cdots)$ を求めよう。

$$y' = (\sin x)' = \cos x \qquad\qquad y'' = (\cos x)' = -\sin x$$
$$y''' = (-\sin x)' = -\cos x \qquad y^{(4)} = (-\cos x)' = \sin x \quad \leftarrow \boxed{\text{元に戻った！}}$$
$$y^{(5)} = (\sin x)' = \cos x \qquad\quad y^{(6)} = (\cos x)' = -\sin x, \cdots\cdots$$
$$\therefore n = 1, 5, 9, \cdots\cdots \text{ のとき} \quad y^{(n)} = \cos x$$
$$n = 2, 6, 10, \cdots\cdots \text{ のとき} \quad y^{(n)} = -\sin x$$

> $n = 1, 2, 3, 4$ で 1 つのサイクルができているので，後は，これが繰り返されるだけなんだね。

$$n = 3, 7, 11, \cdots\cdots \text{ のとき} \quad y^{(n)} = -\cos x$$
$$n = 4, 8, 12, \cdots\cdots \text{ のとき} \quad y^{(n)} = \sin x \qquad \text{となる。}$$

媒介変数表示された関数の導関数

アステロイド曲線 $\begin{cases} x = a\cos^3\theta \\ y = a\sin^3\theta \quad (a > 0) \end{cases}$ の導関数 y' を θ の関数

として表せ。また，$\theta = \dfrac{\pi}{4}$ のときの微分係数を求めよ。

ヒント! 媒介変数表示された関数の導関数 y' を求めたかったら，$\dfrac{dx}{d\theta}$ と $\dfrac{dy}{d\theta}$ を
それぞれ求めて，$\dfrac{dy}{d\theta}$ を $\dfrac{dx}{d\theta}$ で割ればいいんだね。大丈夫？

解答 & 解説

・まず，$x = a\cos^3\theta$ を θ で微分すると，

$$\frac{dx}{d\theta} = (a\cos^3\theta)' = a \cdot 3\cos^2\theta \cdot (\cos\theta)' = -3a\sin\theta \cdot \cos^2\theta \quad \cdots\cdots\text{①}$$

$\cos\theta = t$ とおくと，$\dfrac{dx}{d\theta} = \dfrac{dx}{dt} \cdot \dfrac{dt}{d\theta} = a(t^3)' \cdot t' = a \cdot 3t^2 \cdot t'$ となる。

$\boxed{\cos^2\theta}$ $\boxed{(\cos\theta)'}$

$\boxed{\text{合成関数の微分法だ！}}$

・次に，$y = a\sin^3\theta$ を θ で微分すると，

$$\frac{dy}{d\theta} = (a\sin^3\theta)' = a \cdot 3\sin^2\theta \cdot (\sin\theta)' = 3a\sin^2\theta \cdot \cos\theta \quad \cdots\cdots\text{②}$$

$\sin\theta = t$ とおくと，$\dfrac{dy}{d\theta} = \dfrac{dy}{dt} \cdot \dfrac{dt}{d\theta} = a(t^3)' \cdot t' = a \cdot 3t^2 \cdot t'$ となる。

$\boxed{\sin^2\theta}$ $\boxed{(\sin\theta)'}$

よって，求めるアステロイド曲線の導関数 y' は，①，②を用いて，

$$y' = \frac{dy}{dx} = \frac{\dfrac{dy}{d\theta}}{\dfrac{dx}{d\theta}} = \frac{3a\sin^2\theta\cos\theta}{-3a\cos^2\theta\sin\theta} = -\frac{\sin\theta}{\cos\theta} = -\tan\theta \quad \cdots\cdots\cdots\cdots\cdots\text{(答)}$$

$\therefore \theta = \dfrac{\pi}{4}$ のときの微分係数は，$y' = -\tan\dfrac{\pi}{4} = -1$ となる。 $\cdots\cdots\cdots\cdots$（答）

双曲線の導関数

双曲線 $\dfrac{x^2}{4} - \dfrac{y^2}{2} = 1$ ……① の導関数 y' を x と y で表せ。また、

$x = \sqrt{6}$, $y = 1$ のときの微分係数を求めよ。

ヒント！ $f(x, y) = k$ の形の関数の微分なので、①の両辺を x でそのまま
バッサリ微分すればいいんだね。頑張ろう！

解答&解説

双曲線 $\dfrac{x^2}{4} - \dfrac{y^2}{2} = 1$ ……① の両辺を x で微分すると、

$$\dfrac{1}{4}\underbrace{(x^2)'}_{(2x)} - \dfrac{1}{2}(y^2)' = 0 \quad \text{より} \quad \dfrac{1}{4} \cdot 2x - \dfrac{1}{2} \cdot 2y \cdot \dfrac{dy}{dx} = 0$$

$$\underbrace{\dfrac{d(y^2)}{dx} = \dfrac{dy}{dx} \cdot \dfrac{d(y^2)}{dy} = 2y \cdot \dfrac{dy}{dx}}$$ ← 合成関数の微分の考え方だ。

$y \cdot \dfrac{dy}{dx} = \dfrac{x}{2}$ 　　　∴求める導関数 y' は、

$y' = \dfrac{dy}{dx} = \dfrac{x}{2y}$ ……② となる。 ………………………………………(答)

$x = \sqrt{6}$, $y = 1$ のときの微分係数は、これらを②に代入して、

これらを、①に代入すると、$\dfrac{6}{4} - \dfrac{1}{2} = 1$ となって、みたすので、点 $(\sqrt{6}, 1)$ は双曲線
①上の点なんだね。

$y' = \dfrac{\sqrt{6}}{2 \cdot 1} = \dfrac{\sqrt{6}}{2}$ となる。 ………………………………………(答)

61

$f(x)$ は $x \neq 0$ である実数 x について定義された連続関数であり，$x \neq 0$，$y \neq 0$ であるすべての実数 x, y について，

関係式 $f(x) - f(y) = (x - y)f(x)f(y)$ ……① を満たすものとする。

このとき，次の問いに答えよ。

(1) $f(x)$ は $x \neq 0$ である x について微分可能であることを示し，$f'(x)$ を $f(x)$ を用いて表せ。

(2) 第 n 次導関数 $f^{(n)}(x)$ $(n = 1, 2, 3, \cdots)$ を類推し，それが成り立つことを数学的帰納法により示せ。

ヒント！ (1) ①式の x に $x + h$ を，また y に x を代入して変形し，$h \to 0$ をとって，$f'(x)$ の定義式にもち込むといいんだね。(2) では，(1) の結果を利用して，順に $f'(x)$，$f''(x)$，$f^{(3)}(x)$ を求めると，第 n 次導関数 $f^{(n)}(x)$ を類推できる。これがすべての自然数 n について成り立つことを示すためには，数学的帰納法が必要となるんだね。頑張ろう！

解答＆解説

(1) 関数 $f(x)$ は，次式をみたす。

$f(x) - f(y) = (x - y) \cdot f(x) \cdot f(y)$ ……① $(x \neq 0, y \neq 0)$

①の x に $x + h$ を代入し，かつ y に x を代入しても①は成り立つので，

$f(x + h) - f(x) = (x + h - x) \cdot f(x + h) \cdot f(x)$

> これから，$\dfrac{f(x+h)-f(x)}{h}$ の形を作り，$h \to 0$ の極限をとると，導関数 $f'(x)$ が導けるんだね。

ここで，$h \neq 0$ として，両辺を h で割ると，

$\dfrac{f(x+h) - f(x)}{h} = f(x + h) \cdot f(x)$ ……② となる。

②の両辺の $h \to 0$ の極限をとると，

$\underbrace{\lim_{h \to 0} \dfrac{f(x+h) - f(x)}{h}}_{f'(x)} = \underbrace{\lim_{h \to 0} f(x + h) \cdot f(x)}_{f(x) \cdot f(x) = \{f(x)\}^2}$ より，

$f'(x) = \{f(x)\}^2$ ……③ が導ける。 ……………………………………(答)

(2) ・③の両辺を x で微分して，

$$f''(x) = [\{f(x)\}^2]' = 2 \cdot f(x) \cdot f'(x) = 2!\{f(x)\}^3 \cdots\cdots ④ \quad となる。$$

（$2 \cdot 1$）（$\{f(x)\}^2$（③より））

合成関数の微分

・④の両辺をさらに x で微分すると，

$$f^{(3)}(x) = [2!\{f(x)\}^3]' = 2! \cdot 3\{f(x)\}^2 \cdot f'(x)$$

（$3 \cdot 2 \cdot 1 = 3!$）（$\{f(x)\}^2$（③より））

$$= 3!\{f(x)\}^4 \cdots\cdots ⑤ \quad となる。$$

・⑤の両辺をさらに x で微分すると，

$$f^{(4)}(x) = [3!\{f(x)\}^4]' = 3! \cdot 4\{f(x)\}^3 \cdot f'(x)$$

（$4 \cdot 3 \cdot 2 \cdot 1 = 4!$）（$\{f(x)\}^2$（③より））

$$= 4!\{f(x)\}^5 \cdots\cdots ⑥ \quad となる。$$

> 略記した方が分かりやすい。
> ・$f' = f^2$ より，
> ・x で微分して，
> $$f'' = (f^2)' = 2f \cdot f' = 2f^3$$
> （f^2）
> ・さらに x で微分して，
> $$f''' = (2f^3)' = 2 \cdot 3f^2 \cdot f'$$
> （f^2）
> $$= 3! \cdot f^4$$
> ・さらに x で微分して，
> $$f^{(4)} = (3! \cdot f^4)' = 3! \cdot 4f^3 \cdot f'$$
> （f^2）
> $$= 4! \cdot f^5$$
> $\cdots\cdots\cdots$ となる。

以上④，⑤，⑥より，$f(x)$ の第 n 次導関数 $f^{(n)}(x)$ は，$f^{(n)}(x) = n!\{f(x)\}^{n+1} \cdots\cdots (*) \quad (n = 1, 2, 3, \cdots)$ と推定できる。$\cdots\cdots\cdots\cdots\cdots\cdots\cdots\cdots\cdots\cdots\cdots\cdots\cdots\cdots$ (答)

すべての自然数 n について，$(*)$ が成り立つことを数学的帰納法により示す。

(i) $n = 1$ のとき，

$(*)$ は，$f'(x) = 1! \cdot \{f(x)\}^2 = \{f(x)\}^2$ となって，③と一致する。

∴ $(*)$ は成り立つ。

(ii) $n = k \ (k = 1, 2, 3, \cdots)$ のとき，

$f^{(k)}(x) = k!\{f(x)\}^{k+1} \cdots\cdots ⑦$ が成り立つと仮定して，

$n = k+1$ のときについて調べる。⑦の両辺を x で微分して，

$$f^{(k+1)}(x) = [k!\{f(x)\}^{k+1}]' = k! \cdot (k+1)\{f(x)\}^k \cdot f'(x)$$

（$(k+1)!$）（$\{f(x)\}^2$（③より））

$$= (k+1)!\{f(x)\}^{k+2} \quad となる。 \quad ∴ n = k+1 \ のときも成り立つ。$$

以上 (i)，(ii) より，すべての自然数 $n = 1, 2, 3, \cdots$ に対して，

$f^{(n)}(x) = n!\{f(x)\}^{n+1} \cdots\cdots (*)$ は成り立つ。$\cdots\cdots\cdots\cdots\cdots\cdots\cdots\cdots\cdots$ (終)

頻出問題にトライ・4	難易度 ★★	CHECK1	CHECK2	CHECK3

関数 $y = -\dfrac{1}{x+1}$ の第 1 次から第 4 次までの導関数 $y', y'', y''', y^{(4)}$ を求めよ。

また，$n = 1, 2, 3 \cdots\cdots$ のとき，第 n 次導関数 $y^{(n)}$ を求めよ。

解答は **P170**

63

§3. 微分法を, 接線と法線に利用しよう!

微分計算の練習も終わったので, いよいよ微分法を, "接線"や"法線", それに, "2曲線の共接条件"に応用することにするよ。さらに, "平均値の定理"による不等式の証明法についても解説するつもりだ。

● 接線と法線の公式をマスターしよう!

曲線 $y = f(x)$ 上の点 $(t, f(t))$ における**接線**の傾きは, $f'(t)$ だね。また, この点で, 接線と直交する直線を**法線**と呼び, これらの方程式は次の公式によって, 計算できるんだよ。

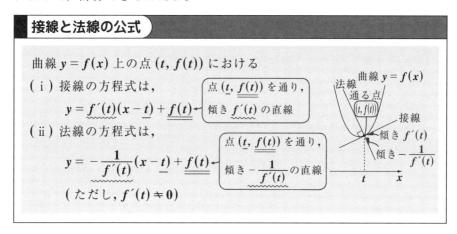

接線と法線の公式

曲線 $y = f(x)$ 上の点 $(t, f(t))$ における

(ⅰ) 接線の方程式は,

$$y = f'(t)(x - t) + f(t)$$

点 $(t, f(t))$ を通り, 傾き $f'(t)$ の直線

(ⅱ) 法線の方程式は,

$$y = -\frac{1}{f'(t)}(x - t) + f(t)$$

点 $(t, f(t))$ を通り, 傾き $-\frac{1}{f'(t)}$ の直線

(ただし, $f'(t) \neq 0$)

◆例題 10 ◆

曲線 $y = \log x$ 上の点 $(1, 0)$ における接線と法線の方程式を求めよ。

解答　曲線 $y = f(x) = \log x$ とおくと, $f'(x) = \frac{1}{x}$

曲線 $y = f(x)$ 上の点 $(1, 0)$ における

(ⅰ) 接線の方程式は,

$y = f'(1)(x - 1) + f(1)$

$$y = \frac{1}{1} \cdot (x - 1) + 0 \quad \therefore y = x - 1 \cdots\cdots(答)$$

(ⅱ) 法線の方程式は,

$y = -\frac{1}{f'(1)}(x - 1) + f(1)$

$$y = -1 \cdot (x - 1) + 0 \quad \therefore y = -x + 1 \cdots(答)$$

● 2曲線の共接条件は，2つの式で決まる！

2つの曲線 $y = f(x)$ と $y = g(x)$ が，$x = t$ の点で接するための条件を下に示すよ。

> これを試験では，「2曲線 $y = f(x)$ と $y = g(x)$ が，$x = t$ で共有点をもち，かつその点において，共通の接線をもつ。」などのように表現することが多いよ。

2曲線の共接条件

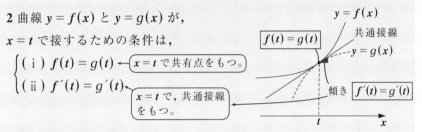

2曲線 $y = f(x)$ と $y = g(x)$ が，

$x = t$ で接するための条件は，

$\begin{cases} (\text{i}) \ f(t) = g(t) \ \leftarrow \boxed{x = t \text{ で共有点をもつ。}} \\ (\text{ii}) \ f'(t) = g'(t) \end{cases}$

$x = t$ で，共通接線をもつ。

$y = f(x)$

共通接線

$\boxed{f(t) = g(t)}$

$y = g(x)$

傾き $\boxed{f'(t) = g'(t)}$

(i) $y = f(x)$ と $y = g(x)$ は，$x = t$ で共有点をもつので，

$\boxed{f(t) = g(t)}$ であり，(ii) $x = t$ で共通接線をもつから，当然その傾きも等しいね。よって，$\boxed{f'(t) = g'(t)}$ となる。

◆例題 11◆

2曲線 $y = f(x) = a\sqrt{x}$ と $y = g(x) = e^x$ が接するように，定数 a の値を求めよ。

解答　$y = f(x) = ax^{\frac{1}{2}}$ より，$f'(x) = \dfrac{1}{2}ax^{-\frac{1}{2}} = \dfrac{a}{2\sqrt{x}}$

$y = g(x) = e^x$ より，$g'(x) = e^x$

よって，$y = f(x)$ と $y = g(x)$ が $x = t$ で接するとき，

$\begin{cases} a\sqrt{t} = e^t \cdots\cdots\text{①} \ \leftarrow \boxed{f(t) = g(t) \text{ だ！}} \\ \dfrac{a}{2\sqrt{t}} = e^t \cdots\text{②} \ \leftarrow \boxed{f'(t) = g'(t) \text{ だ！}} \end{cases}$ ← 2曲線の共接条件

①÷②より，$2t = 1$　∴ $t = \dfrac{1}{2}$　　$\dfrac{a\sqrt{t}}{\dfrac{a}{2\sqrt{t}}} = \dfrac{e^t}{e^t}$

これを①に代入して，

$a = \dfrac{e^t}{\sqrt{t}} = \dfrac{e^{\frac{1}{2}}}{\sqrt{\dfrac{1}{2}}} = \sqrt{2} \cdot \sqrt{e} = \sqrt{2e}$ ……(答)

$y = e^x$

$\sqrt{2e}$

$y = \boxed{a}\sqrt{x}$

1

0　$\boxed{t}$ $\boxed{\dfrac{1}{2}}$　x

● 媒介変数表示された曲線の接線も求めよう！

媒介変数表示された曲線 $\begin{cases} x = f(\theta) \\ y = g(\theta) \quad (\theta：媒介変数) \end{cases}$ の，$\theta = \theta_1$ のときの

点 (x_1, y_1) における接線や法線の方程式は，この点における

$\underbrace{f(\theta_1)}_{}$ $\underbrace{g(\theta_1) \text{ のこと}}_{}$

微分係数 $\dfrac{dy}{dx} = \dfrac{g'(\theta_1)}{f'(\theta_1)}$ $\quad\boxed{\dfrac{dy}{d\theta} = g'(\theta) \text{ に } \theta_1 \text{ を代入したもの}}$

$\quad\boxed{\dfrac{dx}{d\theta} = f'(\theta) \text{ に } \theta_1 \text{ を代入したもの}}$ を用いて

$\begin{cases} 接線の方程式：y = \dfrac{g'(\theta_1)}{f'(\theta_1)}(x - x_1) + y_1 \\ 法線の方程式：y = -\dfrac{f'(\theta_1)}{g'(\theta_1)}(x - x_1) + y_1 \end{cases}$ となるんだね。

◆例題 12 ◆

サイクロイド曲線 $\begin{cases} x = a(\theta - \sin\theta) \\ y = a(1 - \cos\theta) \end{cases}$ $\quad (a：正の定数，\theta：媒介変数)$

上の，$\theta = \dfrac{\pi}{2}$ のときの点における接線の方程式を求めよ。

解答 $\quad \theta = \dfrac{\pi}{2}$ のときの点を点 $P(x_1, y_1)$ とおくと，

$x_1 = a\left(\dfrac{\pi}{2} - \sin\dfrac{\pi}{2}\right) = a\left(\dfrac{\pi}{2} - 1\right)$, $\quad y_1 = a\left(1 - \cos\dfrac{\pi}{2}\right) = a$

また，$\dfrac{dx}{d\theta} = a(1 - \cos\theta)$, $\dfrac{dy}{d\theta} = a\sin\theta$ より，$\theta = \dfrac{\pi}{2}$ のときの点 P における

接線の傾き（微分係数）は，

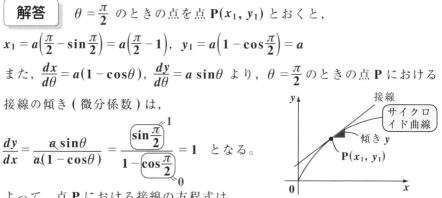

$\dfrac{dy}{dx} = \dfrac{a\sin\theta}{a(1 - \cos\theta)} = \dfrac{\overbrace{\sin\dfrac{\pi}{2}}^{1}}{1 - \underbrace{\cos\dfrac{\pi}{2}}_{0}} = 1$ となる。

よって，点 P における接線の方程式は，

$y = 1 \cdot \left\{x - a\left(\dfrac{\pi}{2} - 1\right)\right\} + a$ より，$\quad y = x + a\left(2 - \dfrac{\pi}{2}\right)$ ·················(答)

● $f(x, y) = k$ の形の関数の接線も求めよう！

この例として，図1に示すようなだ円

$\dfrac{x^2}{a^2} + \dfrac{y^2}{b^2} = 1$ ……① 上の点 $P(x_1, y_1)$

における接線の方程式が

$\dfrac{x_1 x}{a^2} + \dfrac{y_1 y}{b^2} = 1$ ……(*1)　となること

を示そう。

図1　だ円周上の点における接線

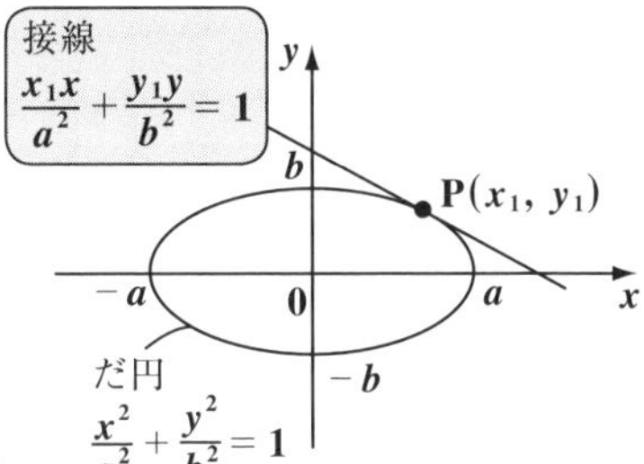

接線
$\dfrac{x_1 x}{a^2} + \dfrac{y_1 y}{b^2} = 1$

だ円
$\dfrac{x^2}{a^2} + \dfrac{y^2}{b^2} = 1$

①の両辺を x で微分して，

$\dfrac{2x}{a^2} + \dfrac{2y}{b^2} \cdot \dfrac{dy}{dx} = 0$

$\dfrac{d(y^2)}{dx} = \dfrac{dy}{dx} \cdot \dfrac{d(y^2)}{dy}$
だからね　$\boxed{2y}$

よって，$\dfrac{dy}{dx} = -\dfrac{b^2}{a^2} \dfrac{x}{y}$ となる。この x, y にそれぞれ x_1, y_1 を代入したものが，

点 $P(x_1, y_1)$ における接線の傾きになる。よって，求める接線は点 $P(x_1, y_1)$

を通り，傾き $-\dfrac{b^2}{a^2} \dfrac{x_1}{y_1}$ の直線となるので，

$y = -\dfrac{b^2}{a^2} \cdot \dfrac{x_1}{y_1}(x - x_1) + y_1$ ……②

これをまとめると，

$\dfrac{x_1 x}{a^2} + \dfrac{y_1 y}{b^2} = 1$ ……(*) となるんだね。

②の両辺に $a^2 y_1$ をかけて，

$a^2 y_1 y = -b^2 x_1 (x - x_1) + a^2 y_1^2$

$b^2 x_1 x + a^2 y_1 y = b^2 x_1^2 + a^2 y_1^2$

両辺を $a^2 b^2$ で割って，

$\dfrac{x_1 x}{a^2} + \dfrac{y_1 y}{b^2} = \dfrac{x_1^2}{a^2} + \dfrac{y_1^2}{b^2}$

①

$P(x_1, y_1)$ は①
上の点より
$\dfrac{x_1^2}{a^2} + \dfrac{y_1^2}{b^2} = 1$ だ

よって，例題9(P58)のだ円 $\dfrac{x^2}{4} + \dfrac{y^2}{2} = 1$

上の点 $(\sqrt{2}, 1)$ における接線の式は

$\dfrac{\sqrt{2}}{4}x + \dfrac{1}{2}y = 1$ とスグに求まる !!

同様に，双曲線 $\dfrac{x^2}{a^2} - \dfrac{y^2}{b^2} = \pm 1$ 上の点 (x_1, y_1) における接線の方程式は

$\dfrac{x_1 x}{a^2} - \dfrac{y_1 y}{b^2} = \pm 1$ となること，また放物線 $y^2 = 4px$ 上の点における接線の方

程式は $y_1 y = 2p(x + x_1)$ となることも，覚えておこう。

● 平均値の定理を使って不等式を証明しよう！

まず，"平均値の定理"を下に示そう。

平均値の定理

関数 $f(x)$ が，区間 $[a, b]$ で連続で，区間 (a, b) で微分可能であるとき

$\underbrace{a \leq x \leq b}$ $\underbrace{a < x < b}$

$$\frac{f(b) - f(a)}{b - a} = f'(c) \cdots\cdots (a < c < b)$$

をみたす c が少なくとも **1** つ存在する。

図 **2** のように，$a \leq x \leq b$ で定義され
た連続で，滑らかな(微分可能な)関
数 $y = f(x)$ 上の両端点を
$A(a, f(a))$，$B(b, f(b))$ と お く と，
直線 AB の傾きは，

> これは，平均変化率のことだ。

$\dfrac{f(b) - f(a)}{b - a}$ となるね。

図 **2** 平均値の定理

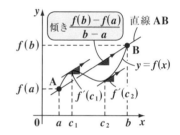

すると，$y = f(x)$ は，$a < x < b$ で
連続かつ滑らかな曲線なので，直線 AB の傾きと同じ傾きをもつ接線の接
点が，この区間の曲線上に必ず **1** つは存在するはずだ。

したがって，この接点の x 座標を c とおくと，

$\dfrac{f(b) - f(a)}{b - a} = f'(c)$ をみたす c が，a と b の間に少なくとも **1** つは存

在することになる。図 **2** では，c_1 と c_2 の **2** つが存在する様子を示したん
だね。図 **2** をよく見て理解しよう。

この平均値の定理は，様々な不等式の証明に利用できる。証明したい
不等式の中に $\dfrac{f(b) - f(a)}{b - a}$ の形が見つかったら，平均値の定理が使えると
思っていいよ。これが，鍵なんだね。

◆例題 13 ◆

$b > 1$ のとき，不等式　$1 - \dfrac{1}{b} < \log b < b - 1$ ……(∗) が成り立つことを，平均値の定理を用いて示せ。

解答　$\dfrac{b-1}{b} < \log b < b - 1$……(∗)　$(b > 1)$ について，

$b - 1 > 0$ より，(∗) の各辺を $b - 1$ で割ると，

$\dfrac{1}{b} < \dfrac{\log b}{b-1} < 1$　……(∗)′ となるので，(∗)′ が成り立つことを示せばよい。

> $\log 1 = 0$ より，$\dfrac{\log b}{b-1} = \dfrac{\log b - \log 1}{b-1}$　よって，$f(x) = \log x$ とおくと
> $\dfrac{f(b) - f(1)}{b-1}$ となって，平均変化率の式が出てくる。サァ，平均値の定理を使おう！

ここで，$f(x) = \log x$ とおくと，$f'(x) = (\log x)' = \dfrac{1}{x}$ となる。

よって，平均値の定理を用いると，

$\dfrac{f(b) - f(1)}{b-1} = \dfrac{\log b - \overset{0}{\overbrace{(\log 1)}}}{b-1} = \dfrac{\log b}{b-1} = \dfrac{1}{c}$　$(= f'(c))$ より

$\dfrac{\log b}{b-1} = \dfrac{1}{c}$……①　$(1 < c < b)$ をみたす c が，必ず存在する。

ここで，$1 < c < b$ より，各辺の逆数をとると，

$\dfrac{1}{b} < \dfrac{1}{c} < 1$ ……② となる。

②に①を代入して，

$\dfrac{1}{b} < \dfrac{\log b}{b-1} < 1$　……(∗)′

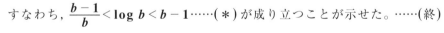

すなわち，$\dfrac{b-1}{b} < \log b < b - 1$……(∗) が成り立つことが示せた。……(終)

これで，平均値の定理の使い方もマスターできたね。大丈夫だった？

曲線外の点から曲線へ引いた接線

曲線 $y = \dfrac{e^x}{x}$ に，原点から引いた接線の方程式を求めよ。

ヒント！　曲線 $y = f(x)$ に，曲線外の点 (a, b) から引いた接線の方程式は，次の手順で求める。

(i) $y = f(x)$ 上の点 $(t, f(t))$ における接線の方程式①を立てる。

(ii) これが，曲線外の点 (a, b) を通ることから，この座標を①の x, y に代入して，t の値を求め，この t の値を①に代入して，接線の方程式を決定する。

解答＆解説

$y = f(x) = \dfrac{e^x}{x}$ とおくと，

公式：$\left(\dfrac{分子}{分母} \right)' = \dfrac{(分子)' \cdot 分母 - 分子 \cdot (分母)'}{(分母)^2}$ を使った！

$$f'(x) = \frac{(e^x)' x - e^x \cdot x'}{x^2} = \frac{x \cdot e^x - e^x}{x^2} = \frac{e^x(x-1)}{x^2}$$

(i) $y = f(x)$ 上の点 $(t, f(t))$ における接線の方程式は，

$$y = \frac{e^t(t-1)}{t^2}(x - t) + \frac{e^t}{t}$$

接線の公式：$y = f'(t)(x - t) + f(t)$ を使った！

$$y = \frac{e^t(t-1)}{t^2} x - e^t + \frac{2e^t}{t} \quad \cdots\cdots ①$$

(ii) ①は，曲線 $y = f(x)$ 外の原点 $(0, 0)$ を通るので，この座標を①に代入して，

$$0 = \frac{e^t(t-1)}{t^2} \cdot 0 - e^t + \frac{2e^t}{t}, \quad e^t\left(\frac{2}{t} - 1 \right) = 0$$

$$\frac{2}{t} = 1 \quad \therefore t = 2 \quad \cdots\cdots ②$$

(i) 点 $(t, f(t))$ における接線①を作る。

(ii) ①が曲線外の点 $(0, 0)$ を通る。

②を①に代入して，求める接線の方程式は，

$$y = \frac{e^2(2-1)}{2^2} x - e^2 + \frac{2 \cdot e^2}{2}$$

$$\therefore y = \frac{e^2}{4} x \quad \cdots\cdots\cdots\cdots\cdots\cdots\cdots\cdots\cdots (答)$$

ここで，
・$e ≒ 2.7$
・$e^2 ≒ 7$
・$e^3 ≒ 20$ であることを覚えておくといいよ。

媒介変数表示された曲線の接線の方程式

媒介変数表示された曲線 $x = 2\cos\theta$, $y = \sin 2\theta$ $(0 \leqq \theta \leqq \pi)$ 上の $\theta = \dfrac{\pi}{3}$ のときの点における接線の方程式を求めよ。

ヒント！ 媒介変数表示された曲線上の点における接線も $y = f(x)$ 型のものと同様に，通る点 (x_1, y_1) と傾きを押さえればいいんだね。接線の傾きは，絶対暗記問題 18 でやった要領で求めればいいよ。

解答＆解説

$$x = 2\cos\theta,\ y = \sin 2\theta\ (0 \leqq \theta \leqq \pi)$$

$u = 2\theta$ とおいて，$\dfrac{dy}{du} \cdot \dfrac{du}{d\theta}$

$$\frac{dx}{d\theta} = 2 \cdot (-\sin\theta) = \boxed{-2\sin\theta},\quad \frac{dy}{d\theta} = (\cos 2\theta) \times \underline{2} = \boxed{2\cos 2\theta}$$

以上より，$\theta = \dfrac{\pi}{3}$ のとき，

$$x = 2 \cdot \cos\frac{\pi}{3} = 2 \cdot \frac{1}{2} = 1,\quad y = \sin 2 \cdot \frac{\pi}{3} = \sin\frac{2\pi}{3} = \frac{\sqrt{3}}{2}$$

これから，通る点 $\left(1, \dfrac{\sqrt{3}}{2}\right)$ だ！

$$\frac{dy}{dx} = \frac{\dfrac{dy}{d\theta}}{\dfrac{dx}{d\theta}} = \frac{\boxed{2\cos 2\theta}}{\boxed{-2\sin\theta}} = -\frac{\cos\frac{2}{3}\pi}{\sin\frac{\pi}{3}} = -\frac{-\dfrac{1}{2}}{\dfrac{\sqrt{3}}{2}} = \frac{1}{\sqrt{3}} = \frac{\sqrt{3}}{3}$$

これから傾き $\dfrac{\sqrt{3}}{3}$ がわかった！

これは公式

よって，この曲線上の $\theta = \dfrac{\pi}{3}$ のときの点 $\left(1, \dfrac{\sqrt{3}}{2}\right)$ における接線の方程式は，

$$y = \frac{\sqrt{3}}{3}(x - 1) + \frac{\sqrt{3}}{2} \qquad \therefore y = \frac{\sqrt{3}}{3}x + \frac{\sqrt{3}}{6} \quad \cdots\cdots\cdots(答)$$

$f(x, y)=k$ の形の曲線の接線

曲線 $x^2+3xy-y^2=3$ ……① について，次の各問いに答えよ。

(1) 曲線①上の点で $x=1$ となる 2 点 P，Q の座標 $P(1, y_1)$，$Q(1, y_2)$ を求めよ。(ただし，$y_1 < y_2$ とする。)

(2) 曲線①上の 2 点 P，Q におけるそれぞれの接線の方程式を求めよ。

ヒント！ ①の曲線の概形がどのようなものか考える必要はない。(1) では，①に $x=1$ を代入して，y の 2 次方程式の解 y_1，y_2 を求めればいい。(2) では，①の両辺をバッサリと x で微分して，導関数 y' を x と y の式で求めて，2 点 P，Q における接線の傾きを求めよう。

解答 & 解説

(1) 曲線 $x^2+3xy-y^2=3$ ……① 上の点で，$x=1$ となるものを求める。

　　$x=1$ を①に代入して，　$1^2+3 \cdot 1 \cdot y-y^2=3$　　$y^2-3y+2=0$

　　$(y-1)(y-2)=0$　∴$y_1=1$，$y_2=2$ より，

　　求める 2 点 P，Q の座標は，$P(1, 1)$，$Q(1, 2)$ である。………………(答)

(2) ①の方程式の両辺を x で微分すると，

$$(x^2)' + 3(x \cdot y)' - (y^2)' = 0 \text{ より，} 2x + 3\overbrace{(y + xy')} - 2y \cdot y' = 0$$
$$\underbrace{(2x)}\quad \underbrace{(1 \cdot y + x \cdot y')} \quad \underbrace{(2y \cdot y')}$$

$$2x + 3y + (3x - 2y)y' = 0 \qquad (2y - 3x)y' = 2x + 3y$$

　　∴導関数 $y' = \dfrac{2x+3y}{2y-3x}$ ……② となる。

(ⅰ) 点 $P(1, 1)$ の座標を②に代入すると，

$$y' = \frac{2 \cdot 1 + 3 \cdot 1}{2 \cdot 1 - 3 \cdot 1} = \frac{5}{-1} = -5 \text{ (接線の傾き) より，}$$

　　曲線①上の点 $P(1, 1)$ における接線の方程式は，$y = -5(x-1)+1 = -5x+6$ ……(答)

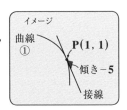

イメージ
曲線①
$P(1, 1)$
傾き -5
接線

(ⅱ) 点 $Q(1, 2)$ の座標を②に代入すると，

$$y' = \frac{2 \cdot 1 + 3 \cdot 2}{2 \cdot 2 - 3 \cdot 1} = \frac{8}{1} = 8 \text{ (接線の傾き) より，}$$

　　曲線①上の点 $Q(1, 2)$ における接線の方程式は，$y = 8(x-1)+2 = 8x-6$ …………(答)

イメージ
傾き 8
$Q(1, 2)$
曲線①
接線

平均値の定理

$a>0$ のとき，不等式 $a+1<e^a<ae^a+1$ ……(*) が成り立つことを，平均値の定理を用いて示せ。

ヒント! (*)の不等式を変形すると，$1<\dfrac{e^a-1}{a}<e^a$ となるので，$f(x)=e^x$ とおくと，真中の式は，平均変化率の式になる。これから平均値の定理が使えるんだね。

解答&解説

$a+1<e^a<ae^a+1$ ……(*) $(a>0)$ を変形すると，$a<e^a-1<ae^a$

両辺を $a(>0)$ で割って，$1<\dfrac{e^a-1}{a}<e^a$ ……(*)′ となり，この (*)′ を示せばよい。

> $\dfrac{e^a-e^0}{a-0}$ より，$f(x)=e^x$ とおくと，これは $\dfrac{f(a)-f(0)}{a-0}$ となって，平均変化率の式になるんだね。これから，平均値の定理を使うことができる！

ここで，$f(x)=e^x$ とおくと，$f'(x)=(e^x)'=e^x$ となる。

よって，平均値の定理を用いると，

$$\frac{f(a)-f(0)}{a-0}=\frac{e^a-e^0}{a}=\boxed{\frac{e^a-1}{a}=e^c}\ (=f'(c))\ \text{となるので，}$$

$\dfrac{e^a-1}{a}=e^c$ ……① $(0<c<a)$ をみたす c が存在する。

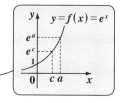

ここで，$0<c<a$ であり，かつ $f(x)=e^x$ は単調増加関数より，$\underset{e^0}{1}<e^c<e^a$ ……② が成り立つ。

この②に①を代入すると，$1<\dfrac{e^a-1}{a}<e^a$ ……(*)′ が導けるので，

(*)の不等式は成り立つ。 ……………………………………………………(終)

2つの曲線 $y=e^x$ と $y=\sqrt{x+a}$ はともにある点 P を通り，しかも点 P において共通の接線をもつ。このとき，a の値と接線の方程式を求めよ。

(香川大)

解答は **P170**

73

§4. 複雑な関数のグラフの概形も直感的につかめる！

それでは，"微分法"のさらに本格的な応用に入ろう。微分法は，導関数の符号から関数の増減を押さえることが出来るので，グラフの概形をとらえる良い手段になるんだよ。でも，ここでは，さらに関数の極限の知識を活かして，グラフの概形を直感的にとらえる練習も行うつもりだ。

● 関数の増減は，導関数の符号からわかる！

関数 $y = f(x)$ の導関数 $f'(x)$ は，曲線 $y = f(x)$ の接線の傾きを表すわけだから，
(i) $f'(x) > 0$ のとき，$f(x)$ は増加し，
(ii) $f'(x) < 0$ のとき，$f(x)$ は減少する。
図 5 に，この例を示しておいたので，よくわかるはずだ。また，$f'(x) = 0$ のとき，$y = f(x)$ は，**極大値**(山の値)や**極小値**(谷の値)をとる可能性があることもわかるね。

図 5 $f'(x)$ の符号と $f(x)$ の増減

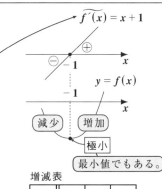

◆ 例題 14 ◆

曲線 $y = x \cdot e^x$ の極値を求めよ。　極大値と極小値の総称

解答　$y = f(x) = x \cdot e^x$ とおくと，

$$f'(x) = 1 \cdot e^x + x \cdot e^x = (\boxed{(x+1)}) \cdot \boxed{e^x}$$

$\widetilde{f'(x)}$

$f'(x)$ は符号にしか興味がないので，常に⊕である e^x は無視して，⊕⊖に関係する本質的な部分 $x+1$ を，$f'(x) = x+1$ とでもおいて，この符号を調べる！

$f'(x) = 0$ のとき，$x + 1 = 0$ ∴ $x = -1$
よって，右の増減表より，$y = f(x)$ は
$x = -1$ で極小値をとり，

極小値 $f(-1) = -1 \cdot e^{-1} = -\dfrac{1}{e}$ ……(答)

$\widetilde{f'(x)} = x + 1$

$y = f(x)$

減少　増加　極小　最小値でもある。

増減表

x		-1	
$f'(x)$	$-$	0	$+$
$f(x)$	↘	極小	↗

答案には，上の $\widetilde{f'(x)}$ のグラフを利用して，この増減表を書くんだよ。

● 関数の極限の知識を押さえよう！

例題 14 の関数 $y = f(x) = x \cdot e^x$ は，$x = -1$ で，極小値をとると同時に最小値をとることも大丈夫だね。

ここでは，次の関数の極限の知識を使うことによって，この $y = f(x)$ のグラフの概形をもっと正確につかむ方法を詳しく示そう。

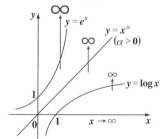

関数の極限の知識

(1) $\displaystyle \lim_{x \to \infty} \frac{\overset{\text{中位の} \infty}{x^\alpha}}{\underset{\text{強い} \infty}{e^x}} = 0, \quad \lim_{x \to \infty} \frac{\overset{\text{強い} \infty}{e^x}}{\underset{\text{中位の} \infty}{x^\alpha}} = \infty$

これらはみんな，$\frac{\infty}{\infty}$ の不定形だけれど，このように収束，発散が決まってしまう！

(2) $\displaystyle \lim_{x \to \infty} \frac{\overset{\text{弱い} \infty}{\log x}}{\underset{\text{中位の} \infty}{x^\alpha}} = 0, \quad \lim_{x \to \infty} \frac{\overset{\text{中位の} \infty}{x^\alpha}}{\underset{\text{弱い} \infty}{\log x}} = \infty \quad (\alpha : \text{正の定数})$

$y = e^x,\ y = x^\alpha,\ y = \log x$ とおくと，$x \to \infty$ のとき，すべて $+\infty$ に発散する。でも，図 6 に示すように，$x \to \infty$ にすると，

(i) $\log x$ はなかなか大きくならず，いわば赤ちゃんのように弱い ∞ なんだね。

(ii) $x^\alpha\ (\alpha > 0)$ の方は，x が大きくなるにつれて着実に大きくなる中位の ∞ だ。

図 6　強い ∞，弱い ∞

$y = e^x$
$y = x^\alpha\ (\alpha > 0)$
$y = \log x$

(iii) これらに対して，e^x は，少しでも x が大きくなると，急激にその値を大きくしていく，肉食恐竜(?)のように超々強力な ∞ なんだね。

以上 (i)(ii)(iii) から，上の関数の極限の公式が成り立つのがわかったはずだ。ここで，$x^\alpha\ (\alpha > 0)$ について，$\cdots\cdots,\ x^{\frac{1}{3}},\ x^{\frac{1}{2}},\ x^1,\ x^2,\ x^3,\ \cdots\cdots$

弱い ∞　　　　　　　　　強い ∞

と，この α の値によって x^α の ∞ の強弱も変わるけれど，α がどんなに大きくなっても，e^x よりは弱く，また α がどんなに 0 に近い小さな数になっても，$\log x$ よりは強い ∞ なんだよ。このことも，頭に入れておくといい。

それでは，準備が整ったので，いよいよ $y = f(x) = x \cdot e^x$ のグラフの概形を，より正確に描いてみることにしよう。

まず, 関数 $y = f(x) = $ 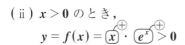 を分解して, 2 つの関数 $y = x$, $y = e^x$ とおくと, この 2 つの関数の y 座標同士の積が, $y = f(x)$ の y 座標になるんだね。

（Ⅰ）（ⅰ）$x = 0$ のとき, $y = f(0) = 0 \cdot e^0 = 0$

$\therefore$ $y = f(x)$ は原点を通る。

（ⅱ）$x > 0$ のとき,

$y = f(x) = \overset{\oplus}{x} \cdot \overset{\oplus}{e^x} > 0$

（ⅲ）$x < 0$ のとき,

$y = f(x) = \overset{\ominus}{x} \cdot \overset{\oplus}{e^x} < 0$

（Ⅱ）次, $x \to \infty$ のときの極限は,

$$\lim_{x \to \infty} f(x) = \lim_{x \to \infty} \underset{\text{中位の} \infty}{x} \cdot \underset{\text{強い} \infty}{e^x} = \infty$$

（Ⅲ）$x \to -\infty$ のときの極限は, 次の計算テクが

要るよ。 $\boxed{-\infty}$ $\boxed{e^{-\infty} = \dfrac{1}{e^{\infty}} = 0}$

$$\lim_{x \to -\infty} f(x) = \lim_{x \to -\infty} \boxed{x} \cdot \boxed{e^x}$$ について,

$\boxed{-\infty \times 0 \text{ の不定形！}}$

$x = -t$ とおくと, $[t = -x]$

$x \to -\infty$ のとき, $t \to \infty$ より,

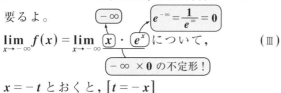

$$\lim_{x \to -\infty} f(x) = \lim_{t \to \infty} (\overset{x}{(-t)}) \cdot e^{\overset{x}{-t}}$$

$$= \lim_{t \to \infty} \left(-\frac{t}{e^t} \right) = 0$$

$\boxed{\dfrac{\text{中位の} \infty}{\text{強い} \infty} \text{だ}}$

図 7　$y = f(x) = x \cdot e^x$ のグラフの描き方

（Ⅰ）

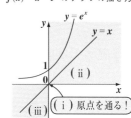

（ⅰ）原点を通る！

（Ⅱ）

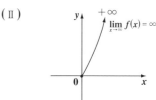

$\displaystyle \lim_{x \to \infty} f(x) = \infty$

（Ⅲ）

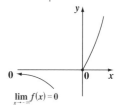

$\displaystyle \lim_{x \to -\infty} f(x) = 0$

（Ⅳ）

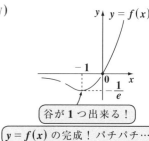

谷が 1 つ出来る！

$y = f(x)$ の完成！パチパチ…

（Ⅳ）あいている部分はニョロニョロする程複雑じゃないのは明らかだから, 谷が 1 つ出来るのがわかるね。 $\boxed{\text{これって, 結構いい加減？}}$

ここで, $y = f(x)$ を微分して, $x = -1$ で極小値 $-\dfrac{1}{e}$ をもつこともわかっ

ているので, これをグラフに書き込めば, 完成ってことになるんだ！

● $y = \dfrac{\log x}{x^2}$ のグラフにも挑戦だ！

一般に複雑な関数は，2 つの関数の積か，または和の形になっているものが多いんだよ。今回扱う関数 $y = g(x) = \dfrac{\log x}{x^2}$ も，$y = g(x) = \dfrac{1}{x^2} \cdot \log x$ と見ると，2 つの関数 $y = \dfrac{1}{x^2}$ と $y = \log x$ の積になっているんだね。

(I) $y = g(x)$ は，<u>$x > 0$</u> で定義される。 真数条件

(i) $x = 1$ のとき，$y = g(1) = \dfrac{\log 1}{1^2} = 0$

∴ $g(x)$ は，点 $(1, 0)$ を通る。

(ii) $0 < x < 1$ のとき，

$$y = g(x) = \overset{\oplus}{\left(\dfrac{1}{x^2}\right)} \cdot \overset{\ominus}{\left(\log x\right)} < 0$$

(iii) $1 < x$ のとき，

$$y = g(x) = \overset{\oplus}{\left(\dfrac{1}{x^2}\right)} \cdot \overset{\oplus}{\left(\log x\right)} > 0$$

(II) $x \to +0$ のときの極限は，

$$\lim_{x \to +0} g(x) = \lim_{x \to +0} \dfrac{\overset{-\infty}{\overbrace{\log x}}}{\underset{+0}{\underbrace{x^2}}} = -\infty$$

(III) $x \to \infty$ のときのは，

$$\lim_{x \to \infty} g(x) = \lim_{x \to \infty} \dfrac{\log x}{x^2} = 0$$

弱い ∞
中位の ∞

(IV) 今回は，あいているところに，一山できて，$y = g(x)$ のグラフの概形が完成するはずだね。

図 8 $y = g(x) = \dfrac{\log x}{x^2}$ のグラフの描き方

(I)
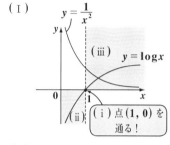
$y = \dfrac{1}{x^2}$, $y = \log x$, (iii), (ii), (i) 点 $(1, 0)$ を通る！

(II)
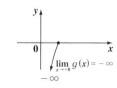
$\lim_{x \to +0} g(x) = -\infty$, $-\infty$

(III)
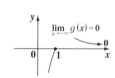
$\lim_{x \to \infty} g(x) = 0$, 0

(IV)
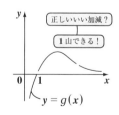
正しいいい加減？ 1 山できる！ $y = g(x)$

どう？ 2 つの簡単な関数の積の形の関数のグラフの描き方にも慣れた？それでは，次，2 つの簡単な関数の和の形の関数のグラフの描き方についても教えよう。

77

● $y = x + \dfrac{1}{x}$ のグラフも，楽に描ける！

　次，2 つの関数の和の形の関数 $y = h(x) = x + \dfrac{1}{x}$ $(x \neq 0)$ について，グラフの描き方を教えるよ。$y = h(x)$ は，2 つの関数 $y = x$ と $y = \dfrac{1}{x}$ に分解できるね。そして，この 2 つの関数の y 座標同士の和が，$y = h(x)$ の y 座標になるんだね。

　図 9 に示すように，$y = x$ と $y = \dfrac{1}{x}$ $(x \neq 0)$ のグラフを描き，$x = 1$ など，x の値に対応するそれぞれの y 座標の和をとると，$y = h(x)$ のグラフの概形が出来上がっていくのがわかるはずだ。

図 9　$y = h(x) = x + \dfrac{1}{x}$ のグラフの描き方

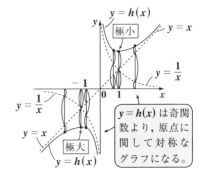

$y = h(x)$ は奇関数より，原点に関して対称なグラフになる。

　このように，微分して，増減などを調べる前に，既にグラフの概形がわかってしまうんだよ。面白かっただろう？

　ここで，この $y = h(x)$ は，さらに面白い性質を持っている。$h(x)$ の x に $-x$ を代入すると，

$$h(-x) = -x + \frac{1}{-x} = -x - \frac{1}{x} = -\left(x + \frac{1}{x}\right) = -h(x) \quad \text{となるね。}$$

このように，$h(-x) = -h(x)$ となる関数は，**奇関数**と呼ばれ，原点に関して対称なグラフになるんだよ。

原点のまわりに，$180°$ 回転しても，同じ形のグラフになる！

　同様に，$y = f(x)$ が $f(-x) = f(x)$ となるときは，これを**偶関数**と呼び，y 軸に関して対称なグラフになる。以上を公式としてまとめておくよ。

y 軸に関して左右対称なグラフになる！

78

偶関数と奇関数

（Ⅰ）偶関数：$y = f(x)$

定義：$f(-x) = f(x)$, このとき $y = f(x)$ は, y 軸に関して対称な
グラフ

（例）$y = x^2 + 1$, $y = \cos x$, $\underline{y = x \cdot \sin x}$ など,

$$\boxed{(\because)\, -x \cdot \sin(-x) = -x \cdot (-\sin x) = x \cdot \sin x}$$

（Ⅱ）奇関数：$y = f(x)$

定義：$f(-x) = -f(x)$, このとき $y = f(x)$ は, 原点に関して対
称なグラフ

（例）$y = x^3 + 2x$, $y = \sin x$, $\underline{y = x \cdot e^{-x^2}}$

$$\boxed{(\because)\, -x \cdot e^{-(-x)^2} = -x \cdot e^{-x^2}}$$

このように, $y = f(x)$ が偶関数か奇関数のとき, $x \geqq 0$ についてのみ調べ
れば, $x < 0$ のときは, その対称性から自動的にわかる。

● $f''(x)$ の符号で, 凹凸がわかる！

$y = f(x)$ を, x で 1 回微分した導関数 $f'(x)$ の符号によって, 曲線 $y = f(x)$ の増加・減少がわかったんだね。これをさらに微分した第 2 次導関数 $f''(x)$ の符号により, 次のように $y = f(x)$ の凹凸までわかるんだよ。

$f''(x)$ の符号と凹凸

（ⅰ）$f''(x) > 0$ のとき,

$y = f(x)$ は下に凸になる。

（ⅱ）$f''(x) < 0$ のとき,

$y = f(x)$ は上に凸になる。

（ⅲ）$f''(x) = 0$ のとき,

$y = f(x)$ は**変曲点**をもつ可能性がある。

上にポコから, 下にペコのように, 曲がり方の変わる点

変曲点 $y = f(x)$

（ⅱ）$f''(x) < 0$ ｜（ⅰ）$f''(x) > 0$

上に凸 ｜ 下に凸

x

問題で, "$y = f(x)$ の凹凸を調べよ" とか, "変曲点を求めよ" ときた
ら, 第 2 次導関数 $f''(x)$ まで求めて, その $\oplus\ominus$ を調べる必要があるんだよ。

$y = \dfrac{\log x}{x^2}$ $(x > 0)$ の増減・極値を調べて, そのグラフの概形を描け。

ただし, $\displaystyle\lim_{x \to \infty} \dfrac{\log x}{x^2} = 0$ を用いてもよい。

ヒント！ この曲線のグラフの概形については, 講義の解説で直感的にわかって いるから, 後は, $f'(x)$ を求めて, 増減・極値を求めればいいね。

解答＆解説

$y = g(x) = \dfrac{\log x}{x^2}$ $(x > 0)$ とおくと,

$$g'(x) = \frac{\dfrac{1}{x} \cdot x^2 - (\log x) \cdot 2x}{x^4} = \frac{\boxed{1 - 2\log x}}{\underset{\oplus}{\boxed{x^3}}}$$

$\widetilde{g'(x)} = \begin{cases} \oplus \\ \textcircled{0} \\ \ominus \end{cases}$ ← $g'(x)$ の符号に関する本質的な部分

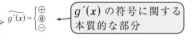
$\widetilde{g'(x)} = 1 - 2\log x$

$g'(x) = 0$ のとき, $1 - 2\log x = 0$

$\log x = \dfrac{1}{2}$　　$\therefore x = e^{\frac{1}{2}} = \sqrt{e}$

$x = \sqrt{e}$ で,

極大値 $g(\sqrt{e}) = \dfrac{\boxed{\log \sqrt{e}}}{(\sqrt{e})^2} = \dfrac{1}{2e}$　　$\log e^{\frac{1}{2}} = \dfrac{1}{2}$

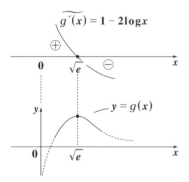

また,

$\displaystyle\lim_{x \to +0} g(x) = \lim_{x \to +0} \boxed{\dfrac{1}{x^2}} \cdot \boxed{(\log x)} = -\infty$

$\dfrac{1}{+0} = \infty$　$-\infty$

$\displaystyle\lim_{x \to \infty} g(x) = \lim_{x \to \infty} \dfrac{\log x}{x^2} = 0$

弱い ∞ 中位の ∞ → 0

増減表 $(0 < x)$

x	0		$\sqrt{e}$	
$g'(x)$		$+$	0	$-$
$g(x)$		↗	極大	↘

以上より, 求める $y = g(x)$ の グラフの概形を右に示す。…(答)

P77 で予想した通 りの結果だね！

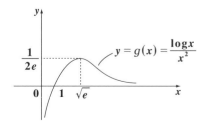
$y = g(x) = \dfrac{\log x}{x^2}$

グラフの概形 (Ⅱ)

$y = x + \dfrac{1}{x}$ $(x \neq 0)$ の増減・極値を調べ, そのグラフの概形を描け。

ヒント！　この曲線のグラフの概形も, 講義の解説で直感的にわかるので, 後は, $f'(x)$ を求めて, 増減を調べ, 曲線を描くんだね。

解答 & 解説

$y = h(x) = x + \dfrac{1}{x} = x + x^{-1}$ $(x \neq 0)$ とおくと,

$h(-x) = -x + \dfrac{1}{-x} = -\left(x + \dfrac{1}{x}\right) = -h(x)$　　←── 奇関数の定義だ！

$\therefore y = h(x)$ は奇関数より, 原点に関して対称なグラフになる。

よって, まず, $x > 0$ についてのみ調べる。

$h'(x) = 1 - x^{-2} = 1 - \dfrac{1}{x^2} = \dfrac{x^2 - 1}{x^2} = \dfrac{(x+1) \cdot (x-1)}{x^2}$

$\widetilde{h'(x)} = \begin{cases} \oplus \\ \textcircled{0} \\ \ominus \end{cases}$

これが $h'(x)$ の符号に関する本質的な部分だ！

$\oplus (\because x > 0)$

$h'(x) = 0$ のとき,

$x - 1 = 0$

$\therefore x = 1$

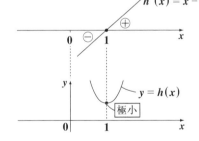

$\widetilde{h'(x)} = x - 1$

増減表 $(0 < x)$

x	0		1	
$h'(x)$		$-$	0	$+$
$h(x)$		↘	極小	↗

$x = 1$ で, 極小値 $h(1) = 1 + \dfrac{1}{1} = 2$

$\displaystyle \lim_{x \to \infty} h(x) = \lim_{x \to \infty}\left(\overset{\infty}{x} + \overset{0}{\dfrac{1}{x}}\right) = \infty$

$\displaystyle \lim_{x \to +0} h(x) = \lim_{x \to +0}\left(\overset{0}{x} + \overset{\frac{1}{+0} = \infty}{\dfrac{1}{x}}\right) = \infty$

$x > 0$ のとき, 相加・相乗平均の式より,
$x + \dfrac{1}{x} \geqq 2\sqrt{x \cdot \dfrac{1}{x}} = 2$
の $\textcircled{2}$ がここで出てきているんだよ。

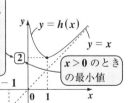

$x > 0$ のときの最小値

以上より, $y = h(x)$ の奇関数の性質も考えて, そのグラフを右に示す。……(答)

$y = h(x)$

81

絶対暗記問題 27　　難易度 ★★★　　CHECK1　　CHECK2　　CHECK3

関数 $y = \log(x^2 + 1)$ について，次の問いに答えよ。

(1) 増減，凹凸を調べ，そのグラフの概形を描け。

(2) 最小値と，そのときの x の値を求めよ。

ヒント!　与えられた関数を $y = f(x) = \log(x^2 + 1)$ とおくと，$f(-x) = \log\{(-x)^2 + 1\} = \log(x^2 + 1) = f(x)$ となって，$y = f(x)$ は偶関数だね。よって，y 軸に関して対称なグラフになる。

　また，$f(0) = \log 1 = 0$ より，原点を通り，x が正の値をとって増加するとき，$x^2 + 1$ は増加するから，$y = f(x)$ は，$x > 0$ のとき 単調に増加する。以上より，$y = f(x)$ のグラフの大体のイメージは右のようになる。

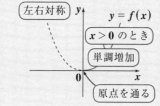

左右対称　$y = f(x)$　$x > 0$ のとき　単調増加　原点を通る

解答&解説

(1) $y = f(x) = \log(x^2 + 1)$ とおくと，

$\underline{f(-x) = \log\{(-x)^2 + 1\} = \log(x^2 + 1) = f(x)}$ ← 偶関数の定義：$f(-x) = f(x)$ だ！

$\therefore y = f(x)$ は，偶関数より，y 軸に関して対称なグラフになる。

よって，まず，$x \geqq 0$ についてのみ調べる。

$$f'(x) = \frac{2\,\boxed{x}}{x^2 + 1}\quad \widetilde{f'(x)} = \begin{cases} \oplus \\ \textcircled{0} \\ \ominus \end{cases}$$

公式 $(\log f)' = \dfrac{f'}{f}$ を使った！

さらに微分して，

$\left(\dfrac{分子}{分母}\right)' = \dfrac{(分子)' \cdot 分母 - 分子 \cdot (分母)'}{(分母)^2}$ を使った！

$$f''(x) = 2 \cdot \frac{1(x^2 + 1) - x \cdot 2x}{(x^2 + 1)^2}$$

$$= \frac{2(1 - x^2)}{(x^2 + 1)^2} = \frac{2(1 + x)\,\boxed{(1 - x)}}{(x^2 + 1)^2} \qquad (x \geqq 0)$$

$\widetilde{f'(x)} = \begin{cases} \oplus \\ \textcircled{0} \\ \ominus \end{cases}$

$x \geqq 0$ において，

$f'(x) = 0$ のとき，$x = 0$

$x > 0$ のとき，$f'(x) > 0$ となって，

$f(x)$ は単調に増加する。

また，$f''(x) = 0$ のとき，$1 - x = 0$

より，$x = 1$ ← 変曲点の x 座標

$f(0) = \log(0^2 + 1) = \log 1 = 0$

$f(1) = \log(1^2 + 1) = \log 2$ ← 極小値

よって，変曲点 $(1, \log 2)$

$y = f(x)$ が，偶関数 (y 軸に関して対称なグラフ) であることも考慮に入れて，$y = f(x)$ のグラフを右下に示す。……………(答)

(2) 以上より，$y = f(x) = \log(x^2 + 1)$ は，$x = 0$ のとき，

最小値 $f(0) = 0$ をとる。……(答)

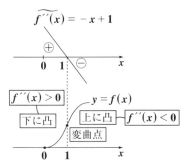

$\widetilde{f''(x)} = -x + 1$

増減・凹凸表 $(0 \leqq x)$

x	0		1	
$f'(x)$	0	$+$	$+$	$+$
$f''(x)$		$+$	0	$-$
$f(x)$	0	↗	$\log 2$	↗

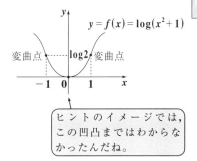

$y = f(x) = \log(x^2 + 1)$

変曲点　log2　変曲点

ヒントのイメージでは，この凹凸まではわからなかったんだね。

グラフの概形 (Ⅲ)

$y = \dfrac{e^x}{x}$ $(x \neq 0)$ の増減，極限を調べて，そのグラフの概形を描け。

ただし，$\displaystyle \lim_{x \to \infty} \dfrac{e^x}{x} = \infty$ を用いてもよい。

ヒント! $y = f(x) = \dfrac{1}{x} \cdot e^x$ を分解して，

$y = \dfrac{1}{x}$ と $y = e^x$ と

おく。$(x \neq 0)$

(Ⅰ)(ⅰ) $x > 0$ のとき，

$y = f(x)$

$= \underset{\oplus}{\dfrac{1}{x}} \cdot \underset{\oplus}{e^x} > 0$

(ⅱ) $x < 0$ のとき，

$y = f(x) = \underset{\ominus}{\dfrac{1}{x}} \cdot \underset{\oplus}{e^x} < 0$

(Ⅱ) $x \to -\infty$ のとき，

$\displaystyle \lim_{x \to -\infty} f(x) = \lim_{x \to -\infty} \underset{\boxed{-0}}{\dfrac{1}{x}} \cdot \underset{\boxed{+0}}{e^x} = -0$

(Ⅲ) $x \to -0$ のとき，

$\displaystyle \lim_{x \to -0} f(x) = \lim_{x \to -0} \underset{\boxed{-\infty}}{\dfrac{1}{x}} \cdot \underset{\boxed{1}}{e^x} = -\infty$

(Ⅳ) $x \to +0$ のとき，

$\displaystyle \lim_{x \to +0} f(x) = \lim_{x \to +0} \underset{\boxed{+\infty}}{\dfrac{1}{x}} \cdot \underset{\boxed{1}}{e^x} = +\infty$

(Ⅴ) $x \to +\infty$ のとき，

$\displaystyle \lim_{x \to +\infty} f(x) = \lim_{x \to +\infty} \dfrac{e^x}{x} = \dfrac{(強い\infty)}{(中位の\infty)} = +\infty$

ここまで分かれば，途中はニョロニョロする程複雑ではないので，これを滑らかな曲線で結べば，$y = f(x) = \dfrac{e^x}{x}$ $(x \neq 0)$ のグラフの概形は次のようになる。

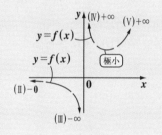

解答&解説

$y = f(x) = \dfrac{e^x}{x}$ $(x \neq 0)$ とおくと，

$f'(x) = \dfrac{e^x \cdot x - e^x \cdot 1}{x^2} = \dfrac{e^x (x-1)}{x^2}$ より，$f'(x) = 0$ のとき，$x - 1 = 0$ ∴ $x = 1$

$\widetilde{f'(x)} = \begin{cases} \oplus \\ \textcircled{0} \\ \ominus \end{cases}$

84

よって，$y=f(x)$ は $x=1$ で，

極小値 $f(1)=\dfrac{e^1}{1}=e$ をとり，増減表は

次のようになる。

$y=f(x)$ の増減表 $(x \neq 0)$

x		0		1	
$f'(x)$	$-$		$-$	0	$+$
$f(x)$	$\searrow$		$\searrow$	e	$\nearrow$

…………(答)

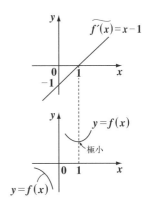

また，各極限を調べると，次のようになる。

(i) $\displaystyle \lim_{x \to -\infty} f(x) = \lim_{x \to -\infty} \frac{1}{x} \cdot e^x = -0 \times (+0) = -0$

$\underbrace{}_{-0} \quad \underbrace{}_{+0}$

(ii) $\displaystyle \lim_{x \to -0} f(x) = \lim_{x \to -0} \frac{1}{x} \cdot e^x = -\infty \times 1 = -\infty$

$\underbrace{}_{-\infty} \quad \underbrace{}_{1}$

(iii) $\displaystyle \lim_{x \to +0} f(x) = \lim_{x \to +0} \frac{1}{x} \cdot e^x = +\infty \times 1 = +\infty$

$\underbrace{}_{+\infty} \quad \underbrace{}_{1}$

(iv) $\displaystyle \lim_{x \to +\infty} f(x) = \lim_{x \to +\infty} \frac{e^x}{x} = \infty$ ◀ $\dfrac{(強い \infty)}{(中位の \infty)}$

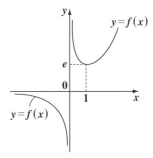

以上より，求める曲線 $y=f(x)=\dfrac{e^x}{x}$ のグラフ

の概形を右に示す。……………………(答)

曲線 $y=x+\dfrac{1}{x}$ $(x>1)$ 上を動く点を $\mathbf{P}$ とする。$\mathbf{P}$ における接線と x 軸との交点を $\mathbf{Q}$ とする。$\mathbf{P}$ を通り y 軸に平行な直線と x 軸との交点を $\mathbf{R}$ とする。三角形 $\mathbf{PQR}$ の面積の最小値を求めよ。　　　　　（琉球大）

ヒント！ 曲線 $C : y=f(x)=x+\dfrac{1}{x}$ $(x>1)$ のグラフは，右図に示すように，絶対暗記問題 **26 (P81)** で解説した曲線のグラフの **1** 部だね。この曲線上の点 $\mathbf{P}(t,\ f(t))$ における接線 L の方程式は，

$y=f'(t)(x-t)+f(t)$ $(t>1)$

であり，この L と x 軸との交点を $\mathbf{Q}$ とおき，また，

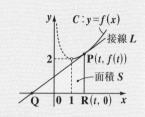

$\mathbf{P}$ から x 軸に下した垂線の足を $\mathbf{R}(t,\ 0)$ とおいて，$\triangle \mathbf{PQR}$ の面積 S を t の式で表せばいいんだね。後は，$S=g(t)$ とおいて，この $g(t)$ の最小値を求めよう。

解答＆解説

曲線 $C : y=f(x)=x+\dfrac{1}{x}$ ……① $(x>1)$ とおく。①を x で微分して，

$f'(x)=1-1\cdot x^{-2}=1-\dfrac{1}{x^2}=\dfrac{x^2-1}{x^2}$ より，

曲線 C 上の点 $\mathbf{P}(t,\ f(t))$ における接線 L の方程式は，

$y=\dfrac{t^2-1}{t^2}(x-t)+t+\dfrac{1}{t}$ ……② となる。

$[y=f'(t)\cdot(x-t)+f(t)]$

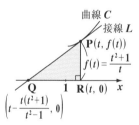

②に $y=0$ を代入して，点 $\mathbf{Q}$ の座標を求めると，

$0=\dfrac{t^2-1}{t^2}(x-t)+\dfrac{t^2+1}{t}$　　　$\dfrac{t^2-1}{t^2}(x-t)=-\dfrac{t^2+1}{t}$

$x-t=-\dfrac{t^2+1}{\cancel{t}}\times\dfrac{t^{\cancel{2}}}{t^2-1}$　　　$\therefore x=t-\dfrac{t(t^2+1)}{t^2-1}$ ……③ となる。

よって，直角三角形 **PQR** において，

$$\begin{cases} \mathbf{PR} = f(t) = t + \dfrac{1}{t} = \dfrac{t^2+1}{t} & \cdots\cdots\cdots ④ \\[2mm] \mathbf{QR} = t - \left\{ \underbrace{t - \dfrac{t(t^2+1)}{t^2-1}}_{③より} \right\} = \dfrac{t(t^2+1)}{t^2-1} & \cdots\cdots ⑤ \end{cases}$$ となる。よって，

直角三角形 **PQR** の面積を $S = g(t)$ とおくと，④，⑤より，

$$S = g(t) = \frac{1}{2} \cdot \mathbf{QR} \cdot \mathbf{PR} = \frac{1}{2} \cdot \frac{t(t^2+1)}{t^2-1} \cdot \frac{t^2+1}{t} = \frac{1}{2} \cdot \frac{(t^2+1)^2}{t^2-1} \cdots ⑥ \ (t>1)$$ となる。

⑥を t で微分すると，

$$g'(t) = \frac{1}{2} \cdot \frac{2(t^2+1) \cdot 2t \cdot (t^2-1) - (t^2+1)^2 \cdot 2t}{(t^2-1)^2}$$

公式 : $\left(\dfrac{g}{f} \right)' = \dfrac{g' \cdot f - g \cdot f'}{f^2}$

$$= \frac{t(t^2+1)\{2(t^2-1)-(t^2+1)\}}{(t^2-1)^2} = \frac{t(t^2+1)(t^2-3)}{(t^2-1)^2}$$

$$= \boxed{\frac{t(t^2+1)(t+\sqrt{3})}{(t^2-1)^2}} \cdot \boxed{(t-\sqrt{3})}$$

$t > 1$ より，常に⊕の部分

$$\widetilde{g'(t)} = \begin{cases} \oplus \\ \boxed{0} \\ \ominus \end{cases}$$

符号に関する
本質的な部分

$\widetilde{g'(t)} = t - \sqrt{3}$

最小

$S = g(t)$

よって，$g'(t) = 0$ のとき，$t = \sqrt{3}$ であり，

右の増減表より，このときに S は最小値をとる。

よって，⑥より，

最小値 $S = g(\sqrt{3}) = \dfrac{1}{2} \cdot \dfrac{\{(\sqrt{3})^2+1\}^2}{(\sqrt{3})^2-1} = \dfrac{4^2}{4}$

$\qquad\qquad\qquad = \mathbf{4}$ である。$\cdots\cdots\cdots\cdots$(答)

$S = g(t)$ の増減表

t	(1)		$\sqrt{3}$	
$g'(t)$		$-$	0	$+$
$g(t)$		↘	4	↗

頻出問題にトライ・6 　難易度 ★★★ 　CHECK*1* 　CHECK*2* 　CHECK*3*

3 点 **A, B, C** は半径 **1** の円周上にあり，

AB = AC とする。

(1) 三角形 **ABC** の面積を $\angle \mathbf{BAC} = \theta$

　の関数として表せ。

(2) (1) で得られた関数の最大値を求めよ。

（東京都立大）

解答は **P171**

87

§5. 微分法は方程式・不等式にも応用できる！

前回，微分法により，曲線のグラフの概形をかなり正確に押さえることが出来た。今回は，この発展として，方程式や不等式の応用についても解説しよう。微分法の応用力に磨きがかかるはずだ。

● 極大・極小と最大・最小を区別しよう！

区間 $a \leqq x \leqq b$ における関数 $y = f(x)$ の最大値・最小値とは，この区間内における最大の y 座標と，最小の y 座標のことなんだね。だから，極大値 (山の値)，極小値 (谷の値) と一致するとは限らない。

図1 極大・極小と最大・最小の区別！

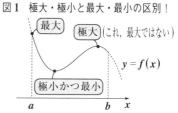

その様子を図1に示しておいた。ここでは，極小値と最小値は一致しているけれど，極大値と最大値は別になっている。大丈夫だね。

● 不等式の証明は，差関数で考えよう！

$a \leqq x \leqq b$ の範囲において，不等式 $f(x) \geqq g(x)$ が成り立つことを示したかったら，その差関数 $y = h(x) = f(x) - g(x)$ をとって，グラフで考えればいいんだよ。

不等式の証明パターン

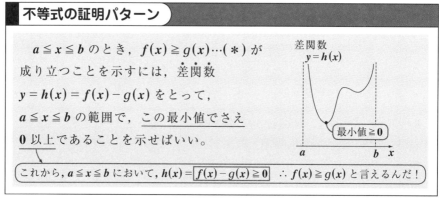

$a \leqq x \leqq b$ のとき，$f(x) \geqq g(x) \cdots (*)$ が成り立つことを示すには，差関数

$y = h(x) = f(x) - g(x)$ をとって，

$a \leqq x \leqq b$ の範囲で，この最小値でさえ

0 以上であることを示せばいい。

差関数
$y = h(x)$

最小値 $\geqq 0$

これから，$a \leqq x \leqq b$ において，$h(x) = \boxed{f(x) - g(x) \geqq 0}$ ∴ $f(x) \geqq g(x)$ と言えるんだ！

$h(x)$ が単調増加で，かつ $h(a) = 0$ など，様々なパターンがあるけれど，要は，$a \leqq x \leqq b$ で，$h(x) \geqq 0$ を示せばいいんだよ。

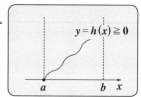

● 方程式では，文字定数を分離しよう！

一般に，方程式 $f(x) = 0$ が与えられたとき，これを分解して，$y = f(x)$，$y = 0$ [x 軸] とおくと，この方程式の実数解は，図 2 のように，$y = f(x)$ のグラフと x 軸との共有点の x 座標になるんだね。だから，実数解の個数は，$y = f(x)$ のグラフの概形から，ヴィジュアルに求めることができる。

図 2 実数解の個数はグラフでわかる

$y = f(x)$

α β x

$f(x) = 0$ の実数解

さらに，文字定数（a や k など）を含んだ方程式の実数解の個数を問う問題は，受験では最頻出のテーマなんだよ。これは，文字定数 a の値の範囲によって，実数解の個数が変わるんだけれど，これも次のように，グラフを使って解ける。

文字定数を含む方程式の解法

（ⅰ）文字定数 a を含む方程式では，文字定数 a を分離して，

$f(x) = a$ ……⑦ の形にする。

（ⅱ）⑦をさらに 2 つの関数に分解する。

$$\begin{cases} y = f(x) \cdots\cdots ④ \\ y = a \qquad \cdots\cdots ⑦ \ [x \text{軸に平行な直線}] \end{cases}$$

ここで，右のグラフのように，④と⑦の異なる共有点の個数が，求める実数解の個数になる。

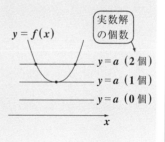

実数解の個数

$y = f(x)$

$y = a$（2 個）
$y = a$（1 個）
$y = a$（0 個）

x

この種の問題は，方程式の実数解の値ではなく，実数解の個数なので，このように，グラフを使った解法が有効となる。

| 絶対暗記問題 30 | 難易度 ★★ | CHECK*1* | CHECK*2* | CHECK*3* |

すべての正の実数 x に対して，次の不等式が成り立つことを示せ。

$$x \cdot \log x \geq x - 1 \quad \cdots\cdots(*)$$

ヒント！ 不等式の証明なので，左辺（大）－右辺（小）をとった差関数を $y = f(x)$ とでもおいて，$x > 0$ の範囲で，$f(x)$ の最小値が 0 以上となることを示せばいいんだね。頑張れ！

解答&解説

$x > 0$ のとき，$x \cdot \log x \geq x - 1 \quad \cdots\cdots(*)$ が成り立つことを示す。

問題文で，"すべての" とか "任意の" という言葉がきたら，その文字 (x) は，変数のことだと思ってくれ！

ここで，$y = f(x) = x \cdot \log x - (x - 1) \quad (x > 0)$ とおく。

差関数 $y = f(x)$ をとって，$x > 0$ のとき，$f(x) \geq 0$ と言えればいいんだね。

$$f'(x) = 1 \cdot \log x + x \cdot \frac{1}{x} - 1 = \log x$$

$f'(x) = 0$ のとき，$\log x = 0$ $\quad \therefore x = 1$

増減表 $(0 < x)$

x	0		1	
$f'(x)$		$-$	0	$+$
$f(x)$		↘	極小	↗

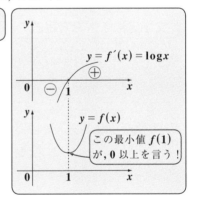

$$\therefore x = 1 \text{ のとき，} f(x) \text{ は最小になる。}$$

最小値 $f(1) = 1 \cdot \log 1 - (1 - 1) = 0$

最小値が 0 より，$x = 1$ 以外では，$f(x) > 0$
$\therefore f(x) \geq 0$ が言えた！

以上より，$x > 0$ のとき

$$f(x) = x \cdot \log x - (x - 1) \geq 0$$

$$\therefore x \cdot \log x \geq x - 1 \quad \cdots\cdots(*) \text{ は成り立つ。} \cdots(終)$$

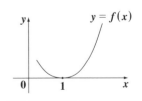

これが，$y = f(x)$ のグラフの本当の概形

微分法と不等式の証明（Ⅱ）

絶対暗記問題 31　　難易度 ★★　　CHECK1　　CHECK2　　CHECK3

不等式 $3x < 2\sin x + \tan x$ ……(*) が $0 < x < \dfrac{\pi}{2}$ の範囲で成立することを証明せよ。

ヒント！ $f(x) = 2\sin x + \tan x - 3x$ とおいて，これが $0 < x < \dfrac{\pi}{2}$ の範囲で正であることを示せばいいんだね。前問のように，最小値が正となる場合もあるが，本問のように $f(0) = 0$ かつ $0 < x < \dfrac{\pi}{2}$ の範囲で $f(x)$ が単調増加関数であることを示す場合もあるんだね。

解答＆解説

$0 < x < \dfrac{\pi}{2}$ のとき，$2\sin x + \tan x > 3x$ ……(*) が成り立つことを示す。

ここで，$y = f(x) = 2\sin x + \tan x - 3x \left(0 < x < \dfrac{\pi}{2} \right)$ とおき，これを x で微分すると，

$$f'(x) = 2 \cdot \cos x + \frac{1}{\cos^2 x} - 3$$

$$= \frac{2\cos^3 x - 3\cos^2 x + 1}{\cos^2 x}$$

$$= \frac{(\cos x - 1)^2 (2\cos x + 1)}{\cos^2 x} > 0$$

$\left(\because 0 < x < \dfrac{\pi}{2} \text{ より，} 0 < \cos x < 1 \quad \text{よって，} \atop (\cos x - 1)^2 > 0, \ 2\cos x + 1 > 0, \ \cos^2 x > 0 \right)$

> $\cos x = t$ とおくと，この分子は t の 3 次式 $2t^3 - 3t^2 + 1$　これを組立て除去で因数分解すると，
>
> | | 2 | -3 | 0 | 1 |
> |---|---|---|---|---|
> | 1) | ↓ | 2 | -1 | -1 |
> | | 2 | -1 | -1 | (0) |
> | 1) | ↓ | 2 | 1 | |
> | | 2 | 1 | (0) | |
>
> $\therefore (t-1)^2 (2t+1)$

よって，$0 < x < \dfrac{\pi}{2}$ において，$f(x)$ は単調に増加する。

かつ $f(0) = 2 \cdot \underbrace{\sin 0}_{0} + \underbrace{\tan 0}_{0} - 3 \cdot 0 = 0$ より，

$0 < x < \dfrac{\pi}{2}$ において，$f(x) = 2\sin x + \tan x - 3x > 0$

$\therefore 2\sin x + \tan x > 3x$ ……(*) は成り立つ。……(終)

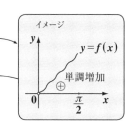

イメージ

$y = f(x)$

単調増加

絶対暗記問題 32　　難易度 ★★　　CHECK1　CHECK2　CHECK3

すべての正の実数 x について，$ax \geq \log x$ ……① が成り立つように実定数 a の値の範囲を求めよ。

ヒント！ 文字定数 a の入った方程式や不等式が与えられたら，これをまず分離することがポイントだね。①の両辺を $x\,(>0)$ で割ると，$a \geq \dfrac{\log x}{x}$ ……②となる。ここで，$f(x) = \dfrac{\log x}{x}$ とおくと，②の不等式が常に成り立つためには，定数 a が $f(x)$ の最大値以上であればいいんだね。

解答＆解説

すべての正の実数 x について，$ax \geq \log x$ ……① が成り立つ a の条件を求める。

①の両辺を $x\,(>0)$ で割って，$a \geq \dfrac{\log x}{x}$ ……② $(x>0)$ とおき，さらに，

$y = f(x) = \dfrac{\log x}{x}$ $(x>0)$ とおいて，この最大値 M を求め，そして，$a \geq M$ とすれば，②すなわち①が常に成り立つので，これが，①が常に成り立つための定数 a の条件である。

$y = f(x)$ を x で微分して，

公式：$\left(\dfrac{g}{f}\right)' = \dfrac{g' \cdot f - g \cdot f'}{f^2}$

$$f'(x) = \dfrac{\dfrac{1}{x} \cdot x - \log x \cdot 1}{x^2} = \boxed{\dfrac{1 - \log x}{x^2}}_{\oplus} \qquad \widetilde{f'(x)} = \begin{cases} \oplus \\ 0 \\ \ominus \end{cases}$$

$f'(x) = 0$ のとき，$1 - \log x = 0$　$\log x = 1$　$\therefore x = e$

よって，右の増減表より，$x = e$ のとき，$y = f(x)$ は最大値 $M = f(e) = \dfrac{\log e}{e} = \dfrac{1}{e}$ をとる。

増減表 $y = f(x)$ $(x>0)$

x	(0)		e	
$f'(x)$		$+$	0	$-$
$f(x)$		↗	$\dfrac{1}{e}$	↘

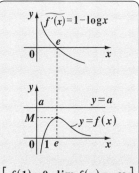

以上より，$x > 0$ のとき，①の不等式が常に成り立つための a の条件は，$a \geq \dfrac{1}{e}$ である。………(答)

$f(1) = 0$, $\lim\limits_{x \to +0} f(x) = -\infty$

$\lim\limits_{x \to \infty} f(x) = 0$ から $y = f(x)$ のグラフの概形もスグ分かるんだけれど，今回必要なのは，$y = f(x)$ の最大値 M だけなんだね。

方程式の解の個数と文字定数の分離（Ⅰ）

方程式 $ax^2 = \log x$ $(x > 0)$ の相異なる実数解の個数を求めよ。

ヒント！　方程式の文字定数 a を分離して，$g(x) = a$ の形にし，これをさらに $y = g(x)$ と $y = a$ に分解して，この 2 つのグラフの異なる共有点の個数を求めればいいんだね。

解答＆解説

方程式 $ax^2 = \log x$ ……① $(x > 0)$ の文字定数 a を分離して，

$$\dfrac{\log x}{x^2} = \boxed{a}$$ 分離 これは，1 つの定石として覚えよう！

これをさらに，2 つの関数に分解して，

$$\begin{cases} y = g(x) = \dfrac{\log x}{x^2} \ (x > 0) \\ \\ y = a \end{cases}$$ とおく。

（x 軸に平行な直線）

この $y = g(x)$ については，絶対暗記問題 25 (P80) で既に解説している。実際の答案では，このときの要領で，$y = g(x)$ のグラフを求めてみせないといけないけれど，ここでは省略する。

$y = g(x)$ $(x > 0)$ と $y = a$ のグラフの共有点の個数から，求める相異なる実数解の個数は，右図より，

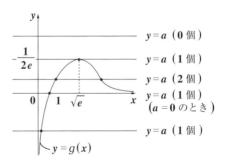

$$\begin{cases} (\ i\ )\ \dfrac{1}{2e} < a \ \text{のとき，} \\ \qquad\qquad 0\ \text{個} \\ (\text{ii})\ a = \dfrac{1}{2e},\ a \leqq 0 \ \text{のとき，} \\ \qquad\qquad 1\ \text{個} \\ (\text{iii})\ 0 < a < \dfrac{1}{2e} \ \text{のとき，}2\ \text{個} \end{cases}$$ ………………………………(答)

方程式の解の個数と文字定数の分離 (Ⅱ)

x の方程式：$e^x = ax^2$ ……① (a：実数定数) の実数解の個数を調べよ。

ただし，$\displaystyle \lim_{x \to \infty} \frac{e^x}{x^2} = \infty$ を利用してもよい。

ヒント！ ①より，$\dfrac{e^x}{x^2} = a$ と文字定数 a を分離して，$y = f(x) = \dfrac{e^x}{x^2}$ と $y = a$ (x 軸に平行な直線) に分解すると，①の実数解の個数は，$y = f(x)$ と $y = a$ のグラフの共有点の個数に等しくなるので，$y = f(x)$ のグラフを描けばいいんだね。

解答&解説

方程式：$e^x = ax^2$ ……① について，$\underline{x \neq 0}$ より，①の両辺を x^2 で割って，

$\boxed{x = 0 \text{ とすると，①は } e^0 = 0 \text{ となって，矛盾する。よって，} x \neq 0 \text{ (背理法)}}$

$\dfrac{e^x}{x^2} = a$ とし，これをさらに分解して，← $\boxed{\text{文字定数 } a \text{ を分離した}}$

$\begin{cases} y = f(x) = \dfrac{e^x}{x^2} \cdots\cdots ② \quad (x \neq 0) \\ y = a \cdots\cdots\cdots\cdots ③ \quad (a:\text{定数}) \end{cases}$ とおくと，

①の方程式の解の個数は，

②と③のグラフの共有点の個数に等しい。

よって，②を x で微分すると，$\boxed{\begin{array}{l} \text{公式：} \\ \left(\dfrac{g}{f}\right)' = \dfrac{g' \cdot f - g \cdot f'}{f^2} \end{array}}$

$f'(x) = \dfrac{e^x \cdot x^2 - e^x \cdot 2x}{x^4}$

$= \dfrac{e^x(x-2)}{x^3} = \boxed{\dfrac{e^x}{x^2}} \cdot \boxed{\dfrac{x-2}{x}} \quad \widetilde{f'(x)} = \begin{cases} \oplus \\ ⓪ \\ \ominus \end{cases}$

よって，$f'(x) = 0$ のとき，$x - 2 = 0$ ∴ $x = 2$

ここで，$\widetilde{f'(x)} = \dfrac{x-2}{x}$ とおくと，

$f'(x) = \dfrac{e^x}{x^2} \cdot \widetilde{f'(x)}$ となる。

・$x < 0$ のとき，$\widetilde{f'(x)} = \dfrac{x-2}{x} > 0 \quad \left(\because \dfrac{\ominus}{\ominus}\right)$

・$0 < x < 2$ のとき，$\widetilde{f'(x)} = \dfrac{x-2}{x} < 0 \quad \left(\because \dfrac{\ominus}{\oplus}\right)$

$y = f(x) = \dfrac{1}{x^2} \cdot e^x \ (x \neq 0)$ について，

(Ⅰ) $\dfrac{1}{x^2} > 0$，$e^x > 0$ より，

　　$f(x) > 0$

(Ⅱ) $\displaystyle \lim_{x \to -\infty} f(x) = \lim_{x \to -\infty} \dfrac{e^x}{x^2} = \dfrac{+0}{\infty} = +0$

(Ⅲ) $\displaystyle \lim_{x \to -0} f(x) = \lim_{x \to -0} \dfrac{e^x}{x^2} = \dfrac{1}{+0} = +\infty$

(Ⅳ) $\displaystyle \lim_{x \to +0} f(x) = \lim_{x \to +0} \dfrac{e^x}{x^2} = \dfrac{1}{+0} = +\infty$

(Ⅴ) $\displaystyle \lim_{x \to +\infty} f(x) = \lim_{x \to +\infty} \dfrac{e^x}{x^2} = \dfrac{(\text{強い}\infty)}{(\text{中位の}\infty)}$

　　$= \infty$

以上より，$y = f(x)$ のグラフの概形は，次のようになることが分かる。

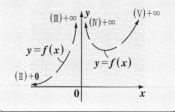

$\cdot 2 < x$ のとき，$\overbrace{f'(x)}= \dfrac{x-2}{x} > 0$　$\left(\because \dfrac{\oplus}{\oplus} \right)$

以上より，$y = f(x)$ の増減表は右のように

なる。

$x = 2$ のとき，$y = f(x)$ は極小値

$f(2) = \dfrac{e^2}{2^2} = \dfrac{e^2}{4}$ をとり，また，

$y = f(x)$ の増減表 $(x \ne 0)$

x		(0)		2	
$f'(x)$	$+$		$-$	0	$+$
$f(x)$	↗		↘	$\dfrac{e^2}{4}$	↗

$\cdot \displaystyle\lim_{x \to -\infty} f(x) = \lim_{x \to -\infty} \dfrac{e^x}{x^2} = +0$ 　　　$\cdot \displaystyle\lim_{x \to -0} f(x) = \lim_{x \to -0} \dfrac{e^x}{x^2} = +\infty$

$\cdot \displaystyle\lim_{x \to +0} f(x) = \lim_{x \to +0} \dfrac{e^x}{x^2} = +\infty$ 　　　$\cdot \displaystyle\lim_{x \to +\infty} f(x) = \lim_{x \to +\infty} \dfrac{e^x}{x^2} = +\infty$　となる。

以上より，$y = f(x) = \dfrac{e^x}{x^2} \ (x \ne 0)$ と $y = a$ のグラフの共有点の個数から，

①の方程式の実数解の個数は，

次のようになる。

(ⅰ) $a \leqq 0$ のとき，　　　**0** 個

(ⅱ) $0 < a < \dfrac{e^2}{4}$ のとき，**1** 個

(ⅲ) $a = \dfrac{e^2}{4}$ のとき，　　**2** 個

(ⅳ) $\dfrac{e^2}{4} < a$ のとき，　　**3** 個

　　　　　　　……(答)

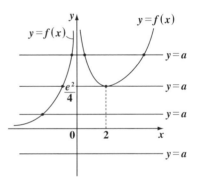

絶対暗記問題 35	難易度 ★★★	CHECK1	CHECK2	CHECK3

原点 O から曲線 $y = x^2 + \dfrac{1}{x} + a \ (x \neq 0)$ にちょうど2本の接線が引けるような定数 a の値を求めよ。

(京都工繊大)

ヒント! 曲線 $y = f(x)$ 上の点 $(t, f(t))$ における接線が,曲線外の点 $(0, 0)$ を通ることから,t の方程式が導ける。この t の方程式が異なる2実数解をもつとき,原点から $y = f(x)$ に2本の接線が引けるんだ。

解答&解説

$y = f(x) = x^2 + \dfrac{1}{x}^{x^{-1}} + a \ (x \neq 0) \ (a:文字定数)$ とおく。

$f'(x) = 2x - x^{-2} = 2x - \dfrac{1}{x^2}$

(ⅰ) $y = f(x)$ 上の点 $(\underline{t}, \underline{f(t)})$ における接線の方程式は,

$$y = \left(2t - \dfrac{1}{t^2}\right)(x - \underline{t}) + t^2 + \dfrac{1}{t} + a$$

$$[y = \underline{f'(t)} \cdot (x - \underline{t}) + \underline{f(t)} \ ]$$

$$y = \left(2t - \dfrac{1}{t^2}\right)x - t^2 + \dfrac{2}{t} + a \cdots\cdots①$$

> (ⅰ) $(t, f(t))$ における接線①を作る。

> (ⅱ) ①が曲線外の原点 O$(0, 0)$ を通る。

(ⅱ) ①は,原点 O$(\underline{0}, \underline{0})$ を通るので,これを代入して,

$$0 = -t^2 + \dfrac{2}{t} + a \qquad \therefore t^2 - \dfrac{2}{t} = a \cdots\cdots②$$

②を t の方程式とみて,文字定数 a を分離した。ここで,この②の方程式が相異なる2実数解 t_1,t_2 をもつとき,右のように,2つの接点が存在するので,原点 O から,曲線 $y = f(x)$ にちょうど2本の接線を引くことができるんだね。

そのような a の値を求めるために,②を分解して,$y = g(t) = t^2 - \dfrac{2}{t}$,$y = a$ とおく。

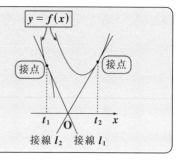

②を分解して，

$$\begin{cases} y = g(t) = t^2 - \dfrac{2}{t} = t^2 - 2 \cdot t^{-1} \ (t \neq 0) \\ y = a \ [t \text{ 軸に平行な直線}] \end{cases}$$

とおく。

$$g'(t) = 2t + 2t^{-2} = \dfrac{2(t^3 + 1)}{t^2}$$

$$= \dfrac{2(\boxed{(t^2 - t + 1)})(\boxed{t + 1})}{t^2}$$

$\boxed{\left(t - \dfrac{1}{2}\right)^2 + \dfrac{3}{4}}$ ⊕ $\widetilde{g'(t)} = \begin{cases} \oplus \\ \textcircled{0} \\ \ominus \end{cases}$

⊕

$g'(t) = 0$ のとき，$t + 1 = 0$ ∴ $t = -1$

極小値 $g(-1) = (-1)^2 - \dfrac{2}{-1} = 3$

$$\lim_{t \to +0} g(t) = -\infty$$

$$\lim_{t \to -\infty} g(t) = \lim_{t \to -0} g(t) = \lim_{t \to \infty} g(t) = +\infty$$

②の t の方程式が，異なる **2** 実数解 t_1，t_2 をもつとき，すなわち，$y = g(t)$ と $y = a$ が異なる **2** 個の共有点をもつとき，原点 O から曲線 $y = f(x)$ に，ちょうど **2** 本の接線が引ける。

以上より，右のグラフから求める a の値は，**3** である。……………………(答)

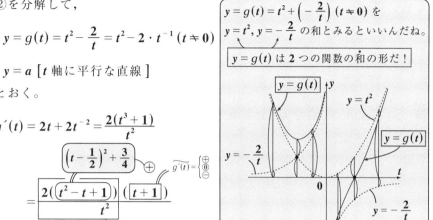

$y = g(t) = t^2 + \left(-\dfrac{2}{t}\right) (t \neq 0)$ を
$y = t^2$，$y = -\dfrac{2}{t}$ の和とみるといいんだね。

$\boxed{y = g(t) \text{ は 2 つの関数の和の形だ！}}$

増減表 $(t \neq 0)$

t		-1		0	
$g'(t)$	$-$	0	$+$		$+$
$g(t)$	↘	極小	↗		↗

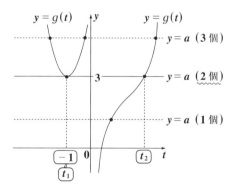

| 頻出問題にトライ・7 | 難易度 ★★★ | CHECK1 | CHECK2 | CHECK3 |

x の方程式 $tx^4 - x + 3t = 0$ が，異なる **2** つの実数解をもつような実数 t の値の範囲を求めよ。 （日本医大＊）

解答は P172

§6. 速度・加速度，近似式もマスターしよう！

微分法の応用として，物理の範囲に入るけれど x 軸上や xy 座標平面上を運動する動点 P の "**速度**" や "**加速度**" などについて教えよう。さらに，関数の "**近似式**" も，極限の応用として解説しよう。結構面白いと思うよ。

● x 軸上を運動する動点を考えよう！

図 1 のように，x 軸上を運動する点を $P(x)$ とおくと，動点 P の x 座標は，時々刻々変化するので，その位置 x は，時刻 t の関数として，$\underline{x(t)}$ と表されるね。

図 1　x 軸上を動く動点 $P(x)$

たとえば，$x = t^2 - t$ や，$x = \sin t$ など……

そして，時刻 t から $t + \Delta t$ の間に変化する位置の変化量を Δx で表すと，Δt 秒間における平均の速度は，$\dfrac{\Delta x}{\Delta t} = \dfrac{x(t + \Delta t) - x(t)}{\Delta t}$ となる。

ここで，$\Delta t \to 0$ の極限をとると，時刻 t の瞬間における動点 P の**速度** v が，

$$v = \lim_{\Delta t \to 0} \frac{x(t + \Delta t) - x(t)}{\Delta t} = \frac{dx}{dt}$$

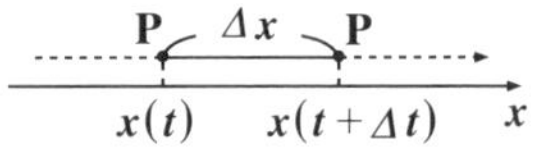

で定義される。（図 2 参照）

図 2　速度 v

このように，位置 x を t で微分したものが，動点 $P(x)$ の速度 v になり，さらにその速度 v を時刻 t で微分したものが速度の変化の様子を表す**加速度** a になる。

また，v の絶対値 $|v|$ を速さ，a の絶対値 $|a|$ を加速度の大きさという。

■ 位置・速度・加速度

点 $P(x)$ が，x 軸上を移動するとき，（ただし，t：時刻）

（ i ）位置 x

（ ii ）$\begin{cases} \text{速度 } v = \dfrac{dx}{dt} \\ \text{速さ } |v| = \left| \dfrac{dx}{dt} \right| \end{cases}$

（ iii ）$\begin{cases} \text{加速度 } a = \dfrac{dv}{dt} = \dfrac{d^2x}{dt^2} \\ \text{加速度の 大きさ } |a| = \left| \dfrac{dv}{dt} \right| = \left| \dfrac{d^2x}{dt^2} \right| \end{cases}$

(ex)　$x = t^2 - t$　のとき，速度 v，加速度 a と，それぞれの大きさ（速さと加速度の大きさ）を求めよう。

速度 $v = \dfrac{dx}{dt} = (t^2 - t)' = 2t - 1$,　　　加速度 $a = \dfrac{d^2 x}{dt^2} = (2t - 1)' = 2$

速さ $|v| = |2t - 1|$,　　加速度の大きさ $|a| = |2| = 2$　となる。

● 平面上を運動する点の速度，加速度も求めよう！

　図 3 のように，xy 平面上を運動する点を $P(x, y)$ とおくと，2 つの座標 x, y は共に時刻 t の関数となるので $x(t), y(t)$ と表されるんだね。

したがって，この動点 P の

図 3　xy 平面上を動く点 $P(x, y)$

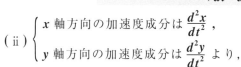

(i) $\begin{cases} x \text{ 軸方向の速度成分は } \dfrac{dx}{dt} , \\ y \text{ 軸方向の速度成分は } \dfrac{dy}{dt} \text{ より,} \end{cases}$

　P の速度は　速度ベクトル $\vec{v} = \left(\dfrac{dx}{dt}, \dfrac{dy}{dt} \right)$ で表されることになるし，

(ii) $\begin{cases} x \text{ 軸方向の加速度成分は } \dfrac{d^2 x}{dt^2} , \\ y \text{ 軸方向の加速度成分は } \dfrac{d^2 y}{dt^2} \text{ より,} \end{cases}$

　P の加速度も　加速度ベクトル $\vec{a} = \left(\dfrac{d^2 x}{dt^2}, \dfrac{d^2 y}{dt^2} \right)$ で表される。

　また，$\vec{v}$ の大きさ $|\vec{v}|$ を速さといい，$\vec{a}$ の大きさ $|\vec{a}|$ を加速度の大きさという。よって，

$(\mathrm{i})'$ 速さ $|\vec{v}| = \sqrt{\left(\dfrac{dx}{dt} \right)^2 + \left(\dfrac{dy}{dt} \right)^2}$ となるし，

$(\mathrm{ii})'$ 加速度の大きさ $|\vec{a}| = \sqrt{\left(\dfrac{d^2 x}{dt^2} \right)^2 + \left(\dfrac{d^2 y}{dt^2} \right)^2}$ となるんだね。

> $\overrightarrow{OA} = (x_1, y_1)$ のとき $|\overrightarrow{OA}| = \sqrt{x_1{}^2 + y_1{}^2}$ だからね。

● 極限の公式から近似式はできる！

関数の極限の公式 $\displaystyle\lim_{x \to 0}\frac{\sin x}{x} = 1$ は，x を限りなく 0 に近づけるときの公式だけれど，この条件を少しゆるめて，$x \fallingdotseq 0$ とすると，

$\dfrac{\sin x}{x} \fallingdotseq 1$ となり，これから

$x \fallingdotseq 0$ のとき，近似式 $\sin x \fallingdotseq x$ が得られるんだね。同様に，

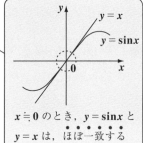

$x \fallingdotseq 0$ のとき，$y = \sin x$ と
$y = x$ は，ほぼ一致する

- $\displaystyle\lim_{x \to 0}\frac{e^x - 1}{x} = 1$ から，$x \fallingdotseq 0$ のとき

  $\dfrac{e^x - 1}{x} \fallingdotseq 1$ より，近似式 $e^x \fallingdotseq x + 1$ が得られるし，

- $\displaystyle\lim_{x \to 0}\frac{\log(x + 1)}{x} = 1$ から，$x \fallingdotseq 0$ のとき

  $\dfrac{\log(x + 1)}{x} \fallingdotseq 1$ より，近似式 $\log(x + 1) \fallingdotseq x$ が得られるんだね。

したがって，微分係数の定義式：$\displaystyle\lim_{h \to 0}\frac{f(a + h) - f(a)}{h} = f'(a)$ からも，

$h \fallingdotseq 0$ のとき，$\dfrac{f(a + h) - f(a)}{h} \fallingdotseq f'(a)$ より，近似式：

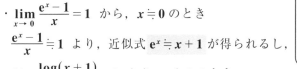

$f(a + h) \fallingdotseq f(a) + h \cdot f'(a)$ ……(*1) が得られるし，

(*1) の a を 0 に，h を x に置き換えると，

$x \fallingdotseq 0$ のとき，近似式：$f(x) \fallingdotseq f(0) + x \cdot f'(0)$ ……(*2) も

得られるんだね。まとめて，もう 1 度下に示そう。

■ 近似式

(i) $h \fallingdotseq 0$ のとき，$f(a + h) \fallingdotseq f(a) + h \cdot f'(a)$ ……(*1)

(ii) $x \fallingdotseq 0$ のとき，$f(x) \fallingdotseq f(0) + x \cdot f'(0)$ …………(*2)

(*2) を用いると $f(x) = \sin x$ のとき，$f'(x) = (\sin x)' = \cos x$ より

$\sin x \fallingdotseq \underset{0}{\underline{\sin 0}} + x \cdot \underset{1}{\underline{\cos 0}}$ $[f(x) \fallingdotseq f(0) + x \cdot f'(0)]$ となって，

$x \doteqdot 0$ のとき，近似式：$\sin x \doteqdot x$ が導ける。大丈夫？

$f(x) = e^x$ や $f(x) = \log(x+1)$ とおいて，$(*2)$ を用いると $x \doteqdot 0$ のときの

近似式：$e^x \doteqdot x+1$ や $\log(x+1) \doteqdot x$ も導ける。自分でやってごらん。

$(ex1)$ $x \doteqdot 0$ のとき，近似式 $(1+x)^n \doteqdot 1 + nx$ ……① が成り立つことを示

し，この①を使って，$\sqrt{102}$ の近似値を求めよう。

$$f(x) = (1+x)^n \text{ とおくと } f'(x) = \underline{n(1+x)^{n-1} \cdot (1+x)'} = n(1+x)^{n-1}$$

$$\boxed{\text{合成関数の微分}}$$

よって，$x \doteqdot 0$ のとき，近似式：$(1+x)^n \doteqdot (1+0)^n + x \cdot n(1+0)^{n-1}$

$$[\quad f(x) \quad \doteqdot f(0) \quad + \quad x \cdot f'(0) \ ]$$

つまり，$(1+x)^n \doteqdot 1 + nx$ ……① が成り立つ。

この①を使って，$\sqrt{102}$ の近似値を求めよう。

$$\sqrt{102} = \sqrt{100 \cdot \left(1 + \frac{2}{100}\right)} = 10 \cdot \sqrt{1 + \frac{2}{100}} = 10\left(1 + \frac{2}{100}\right)^{\frac{1}{2}}$$

$$\boxed{x \text{ とおく}} \leftarrow \boxed{\because x \doteqdot 0} \qquad \boxed{1 + \frac{1}{2} \cdot \frac{2}{100} \text{ (①より)}}$$

$$\doteqdot 10 \cdot \left(1 + \frac{1}{2} \cdot \frac{2}{100}\right) = 10\left(1 + \frac{1}{100}\right) = 10.1 \text{ となる。}$$

$(ex2)$ $h \doteqdot 0$ のとき，近似公式 $f(a+h) \doteqdot f(a) + h \cdot f'(a)$ ……$(*1)$ を用い

て，$\cos 61°$ の近似値を求めよう。

$$\boxed{\text{角度の単位を "度" から "ラジアン" に変更した。}}$$

$$61° = \frac{61}{180}\pi = \left(\frac{60}{180} + \frac{1}{180}\right)\pi = \underset{a}{\frac{\pi}{3}} + \frac{\pi}{180}$$

$$\boxed{\text{これは "なぜなら" の意味。}}$$

$$\boxed{h \text{ とおく}} \leftarrow \boxed{\because h \doteqdot 0}$$

ここで，$f(x) = \cos x$ とおくと，$f'(x) = (\cos x)' = -\sin x$ より，

$(*1)$ の近似公式を用いると

$$\cos 61° = \cos\left(\frac{\pi}{3} + \frac{\pi}{180}\right) \doteqdot \underset{\frac{1}{2}}{\boxed{\cos\frac{\pi}{3}}} + \frac{\pi}{180}\left(-\underset{\frac{\sqrt{3}}{2}}{\boxed{\sin\frac{\pi}{3}}}\right)$$

$$[\quad f(a+h) \quad \doteqdot f(a) \quad + \quad h \cdot f'(a) \ ]$$

$$= \frac{1}{2} - \frac{\sqrt{3}\pi}{360} \text{ となるんだね。大丈夫？}$$

x 軸上の運動

x 軸上を移動する動点 P の位置 x が，

$x = t + 2\sin t$（t：時刻，$0 \leqq t \leqq 2\pi$）で表されるとき，P の速度 v と加速度 a を求めよ。また，$v = 0$ となるときの t の値を求めよ。

ヒント！ 速度 $v = \dfrac{dx}{dt}$，加速度 $a = \dfrac{d^2x}{dt^2}$ の公式を使って求めよう。

解答&解説

位置 $x = t + 2\sin t$（$0 \leqq t \leqq 2\pi$）

このとき，

$$
\begin{cases}
速度\ v = \dfrac{dx}{dt} = (t + 2\sin t)' \\
\qquad\quad = 1 + 2\cos t \\
加速度\ a = \dfrac{dv}{dt} = (1 + 2\cos t)' \\
\qquad\qquad = -2\sin t
\end{cases}
$$

となる。 ………………(答)

ここで，$v = 1 + 2\cos t = 0$ のとき，

$$\cos t = -\frac{1}{2} \qquad 0 \leqq t \leqq 2\pi\ \text{より，}$$

$v = 0$ のときの t の値は，

$$t = \frac{2}{3}\pi,\ \frac{4}{3}\pi \quad \text{…………(答)}$$

$$
\begin{cases}
\cdot\ t = \dfrac{2}{3}\pi\ \text{のとき，}\ x = \dfrac{2}{3}\pi + 2 \cdot \boxed{\sin\dfrac{2}{3}\pi}\quad \boxed{\dfrac{\sqrt{3}}{2}} \\
\qquad\qquad\qquad\qquad = \dfrac{2}{3}\pi + \sqrt{3} \\
\cdot\ t = \dfrac{4}{3}\pi\ \text{のとき，}\ x = \dfrac{4}{3}\pi + 2 \cdot \boxed{\sin\dfrac{4}{3}\pi}\quad \boxed{-\dfrac{\sqrt{3}}{2}} \\
\qquad\qquad\qquad\qquad = \dfrac{4}{3}\pi - \sqrt{3}
\end{cases}
$$

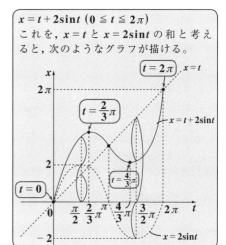

$x = t + 2\sin t$（$0 \leqq t \leqq 2\pi$）

これを，$x = t$ と $x = 2\sin t$ の和と考えると，次のようなグラフが描ける。

これを x 軸上における動点 $P(x)$ の移動の形で表すと，

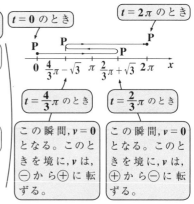

$t = 0$ のとき

$t = 2\pi$ のとき

$t = \dfrac{4}{3}\pi$ のとき

この瞬間，$v = 0$ となる。このときを境に，v は，⊖ から ⊕ に転ずる。

$t = \dfrac{2}{3}\pi$ のとき

この瞬間，$v = 0$ となる。このときを境に，v は，⊕ から ⊖ に転ずる。

xy 座標平面上の振動運動

xy 平面上の動点 $P(x, y)$ の時刻 t における座標が $x = \sin t + \cos t$,

$y = \sin t \cdot \cos t$ であるとする。

(1) 動点 P の軌跡を求め，xy 平面上に図示せよ。

(2) 動点 P の速さ v の最大値を求めよ。ただし，$v = \sqrt{\left(\dfrac{dx}{dt}\right)^2 + \left(\dfrac{dy}{dt}\right)^2}$ とする。

（青山学院大 ＊）

ヒント！ **(1)** 動点 $P(x, y) = (\sin t + \cos t, \; \sin t \cdot \cos t)$ より，$\sin t$ と $\cos t$ を消去して，x と y の関係式を求めれば，それが動点 P の軌跡の方程式になる。ただし，x と y の取り得る値の範囲に注意しよう。**(2)** で，速さ v の最大値を求めるために，v^2 の最大値を求めることがポイントだね。

解答 & 解説

(1) 動点 $P(x, y)$ の各座標が媒介変数 t を用いて，次のように表されている。

$$\begin{cases} x = \sin t + \cos t & \cdots\cdots ① \\ y = \sin t \cdot \cos t & \cdots\cdots ② \end{cases}$$

> 2 倍角の公式：$\sin 2t = 2\sin t \cos t$ より，$y = \dfrac{1}{2}\sin 2t \cdots\cdots ②$ とも表せる。

動点 P が xy 平面上に描く曲線を求める。①の両辺を 2 乗して，

$$x^2 = (\sin t + \cos t)^2 = \underbrace{\sin^2 t + \cos^2 t}_{①} + \underbrace{2\sin t \cdot \cos t}_{y\,(②より)} = 1 + 2\sin t \cdot \cos t$$

となるので，これに②を代入すると，

$$x^2 = 1 + 2y \qquad \therefore y = \frac{1}{2}(x^2 - 1) \cdots\cdots ③ \text{ となる。}$$

ここで，②より，$y = \dfrac{1}{2}\sin 2t$ であり，$-1 \leq \sin 2t \leq 1$

より，各辺に $\dfrac{1}{2}$ をかけて，$-\dfrac{1}{2} \leq \underset{\frac{1}{2}\sin 2t}{y} \leq \dfrac{1}{2}$ となる。

> ①より，$x = \sqrt{2} \cdot \sin\left(t + \dfrac{\pi}{4}\right)$ より，$-\sqrt{2} \leq x \leq \sqrt{2}$ から，このグラフを描いてもよい。

よって，P の軌跡は，$y = \dfrac{1}{2}(x^2 - 1)$

$\left(-\dfrac{1}{2} \leq y \leq \dfrac{1}{2}\right)$ である。（右図参照）……（答）

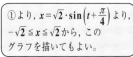
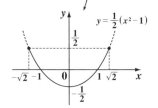

$$\left(\begin{array}{l}\text{動点 } \mathbf{P}(x,\,y) \text{ は, この放物線の1部を周期的に振動しながら運動}\\ \text{することになる。}\end{array}\right)$$

(2) $x=\sin t+\cos t$ ……① , $y=\sin t\cdot\cos t$ ……② より,

$$\begin{cases}\dfrac{dx}{dt}=\underline{\underline{\cos t-\sin t}} \quad\cdots\cdots\cdots\cdots\cdots\cdots\cdots\cdots\cdots\cdots\cdots① '\\[2mm] \dfrac{dy}{dt}=(\sin t)'\cdot\cos t+\sin t\cdot(\cos t)'=\underline{\underline{\cos^2 t-\sin^2 t}} \cdots\cdots② ' \end{cases}$$ となる。

速さ $v=\sqrt{\left(\dfrac{dx}{dt}\right)^2+\left(\dfrac{dy}{dt}\right)^2}$ は, v^2 が最大のときに最大となるので,

これから, まず, v^2 の最大値を求める。

$$v^2=\underbrace{(\cos t-\sin t)^2}+\underbrace{\underbrace{(\cos^2 t-\sin^2 t)^2}_{\underbrace{(\cos t-\sin t)^2\cdot(\cos t+\sin t)^2}}}$$

$$=\underbrace{(\cos t-\sin t)^2}_{1-2\sin t\cos t}\cdot\underbrace{\{1+(\cos t+\sin t)^2\}}_{2+2\sin t\cos t}=\underbrace{(1-\underbrace{2\sin t\cos t}_{\sin 2t})}\underbrace{(2+\underbrace{2\sin t\cos t}_{\sin 2t})}$$

$\therefore v^2=(1-\sin 2t)(2+\sin 2t)$ ……④ となる。

ここで, $\sin 2t=u$ とおくと, $-1\leqq u\leqq 1$ であり, さらに $v^2=f(u)$ とおくと,

$$v^2=f(u)=(1-u)(2+u)=-u^2-u+2$$

$$=-\left(u^2+u+\dfrac{1}{4}\right)+\dfrac{9}{4}$$

$$=-\left(u+\dfrac{1}{2}\right)^2+\dfrac{9}{4} \quad (-1\leqq u\leqq 1)$$

となる。

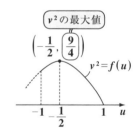

よって, v^2 は, $u=-\dfrac{1}{2}$ のとき, 最大値 $\dfrac{9}{4}$ を

とるので, $u=\sin 2t=-\dfrac{1}{2}$ のとき, 速さ v は,

最大値 $v=\sqrt{\dfrac{9}{4}}=\dfrac{3}{2}$ をとる。 …………………………………(答)

xy 座標平面上の円運動

xy 座標平面上の原点 0 を中心とする半径 r の円周上を運動する動点 $P(r\cos\omega t,\ r\sin\omega t)$ $(\omega：正の定数)$ の速さ $|\vec{v}|$ と加速度の大きさ $|\vec{a}|$ を求めよ。

ヒント！ $\theta=\omega t$ とおくと，時刻 $t=1, 2, 3, \cdots\cdots$ のとき，$\theta=\omega, 2\omega, 3\omega, \cdots\cdots$ となるので，ω は角度の速度を表すんだね。よって ω を"角速度"というんだよ。

解答 & 解説

動点 $P(x, y)=(r\cos\omega t,\ r\sin\omega t)$ の速度 $\vec{v}$ と加速度 $\vec{a}$ は，

$$\begin{cases} \dfrac{dx}{dt}=r\cdot(\omega t)'\cdot(-\sin\omega t)=-r\omega\ \sin\omega t \\[2mm] \dfrac{dy}{dt}=r\cdot(\omega t)'\cdot\cos\omega t=r\omega\ \cos\omega t \end{cases}$$

$$\begin{cases} \dfrac{d^2x}{dt^2}=-r\omega\cdot(\omega t)'\cdot\cos\omega t=-r\omega^2\ \cos\omega t \\[2mm] \dfrac{d^2y}{dt^2}=r\omega\cdot(\omega t)'(-\sin\omega t)=-r\omega^2\ \sin\omega t \end{cases}$$ より

> $\omega t=\theta$ とおくと，
> $\dfrac{dx}{dt}=\dfrac{d\theta}{dt}\cdot\dfrac{dx}{d\theta}$
> $\quad=(\omega t)'\cdot(-r\sin\theta)$
> となる。
> 他も同様に，合成関数の微分だね。

$$\vec{v}=(-r\omega\ \sin\omega t,\ r\omega\ \cos\omega t),\quad \vec{a}=(-r\omega^2\ \cos\omega t,\ -r\omega^2\ \sin\omega t)$$

よって，$r>0,\ \omega>0$ であることに気を付けて，$|\vec{v}|$ と $|\vec{a}|$ を求めると，

$$|\vec{v}|=\sqrt{(-r\omega\ \sin\omega t)^2+(r\omega\ \cos\omega t)^2}$$
$$=\sqrt{r^2\omega^2\underbrace{(\sin^2\omega t+\cos^2\omega t)}_{1}}\qquad =r\omega \qquad\cdots\cdots(答)$$

$$|\vec{a}|=\sqrt{(-r\omega^2\ \cos\omega t)^2+(-r\omega^2\ \sin\omega t)^2}$$
$$=\sqrt{r^2\omega^4\underbrace{(\cos^2\omega t+\sin^2\omega t)}_{1}}\qquad =r\omega^2 \quad\cdots\cdots\cdots\cdots\cdots\cdots(答)$$

$h \fallingdotseq 0$ のときの近似公式：$f(a+h) \fallingdotseq f(a)+h\cdot f'(a)$ を用いて，
(i) $e^{1.001}$，(ii) $\log(1.001)$，(iii) $\sin46°$ の近似値を求めよ。

解答は P173

1. 微分係数の定義式

$$f'(a) = \lim_{h \to 0} \frac{f(a+h) - f(a)}{h} = \lim_{h \to 0} \frac{f(a) - f(a-h)}{h} = \lim_{b \to a} \frac{f(b) - f(a)}{b - a}$$

2. 導関数の定義式

$$f'(x) = \lim_{h \to 0} \frac{f(x+h) - f(x)}{h} = \lim_{h \to 0} \frac{f(x) - f(x-h)}{h}$$

3. 微分計算 (8 つの知識) ($a > 0$ かつ $a \neq 1$)

(1) $(x^\alpha)' = \alpha x^{\alpha - 1}$ （ α：実数 ）　(2) $(\sin x)' = \cos x$　　など

4. 微分計算 (3 つの公式)

(1) $(f \cdot g)' = f' \cdot g + f \cdot g'$　　　　(2) $\left(\dfrac{g}{f}\right)' = \dfrac{g' \cdot f - g \cdot f'}{f^2}$

(3) 合成関数の微分：$\dfrac{dy}{dx} = \dfrac{dy}{dt} \cdot \dfrac{dt}{dx}$

5. 関数の極限の知識 ($\alpha > 0$)

(1) $\displaystyle\lim_{x \to \infty} \frac{x^\alpha}{e^x} = 0$　　　　　　　　(2) $\displaystyle\lim_{x \to \infty} \frac{e^x}{x^\alpha} = \infty$　　　など

6. $f'(x)$ の符号と関数 $f(x)$ の増減

（ i ）$f'(x) > 0$ のとき，増加　　（ ii ）$f'(x) < 0$ のとき，減少

7. $f''(x)$ の符号と $y = f(x)$ のグラフの凹凸

（ i ）$f''(x) > 0$ のとき，下に凸　　（ ii ）$f''(x) < 0$ のとき，上に凸

8. 方程式 $f(x) = a$ (定数) の実数解の個数

$y = f(x)$ と $y = a$ に分離して，この 2 つのグラフの共有点から求める。

9. 速度 v, 加速度 a　（ x：位置，t：時刻 ）(x 軸上の運動)

(1) 速度 $v = \dfrac{dx}{dt}$　　　　　　(2) 加速度 $a = \dfrac{dv}{dt} = \dfrac{d^2 x}{dt^2}$

10. 近似式

（ i ）$h \fallingdotseq 0$ のとき，$f(a + h) \fallingdotseq f(a) + h \cdot f'(a)$

（ ii ）$x \fallingdotseq 0$ のとき，$f(x) \fallingdotseq f(0) + x \cdot f'(0)$

積分法と
その応用

テーマ

▶ 積分の計算

▶ 関数の決定と区分求積法

▶ 面積・体積・曲線の長さの計算

講義③ 積分法とその応用

§1. 積分計算のテクニックをマスターしよう!

いよいよ, 数学Ⅲの最終テーマ "**積分法とその応用**" の講義を始めよう。積分は, 微分とは逆の操作だけれど, 微分以上に様々な計算テクニックを身につけないといけないよ。でも, この積分計算が出来るようになると, 面積や体積や曲線の長さ (道のり) など, 微分以上にいろいろな応用が効くようになるんだ。

ここでは, まず, この "**積分計算 (不定積分と定積分)**" について, その基本から, ていねいに教えていくから, シッカリ練習してマスターしてくれ!

● 積分公式は, 微分公式を逆に見たものだ!

$\sin x$ を x で微分すると, $(\sin x)' = \cos x$ となるのはいいね。ここで, 微分と積分とは, 逆の操作なので, この式は, $\cos x$ を x で積分すると $\sin x$ になる, と見ることもできる。これを式で表すと,

$$\int \underbrace{\cos x}_{\boxed{\text{被積分関数}}} \, dx = \underbrace{\sin x + \boxed{C}}_{\substack{\boxed{\text{不定積分, または}} \\ \boxed{\text{原始関数}}}}$$

積分定数 ↗ "$\cos x$ を x で積分すると $\sin x$ になる" を, 式で表したもの。

となるんだね。

一般に, $F'(x) = f(x)$ のとき, これを書き換えて, $F(x) = \displaystyle\int f(x)\,dx$ と表すことができ, $F(x)$ を $f(x)$ の **不定積分** (または, **原始関数**) と呼び, $f(x)$ を **被積分関数** (積分される関数という意味) と呼ぶんだよ。

ここで, $\displaystyle\int \underset{f(x)}{\boxed{\cos x}}dx = \underset{F(x)}{\boxed{\sin x + C}}$ のように, 不定積分では **積分定数 C** が

つく。これは $(\sin x + C)' = (\sin x)' + \overset{0}{\boxed{C'}} = \cos x$ となるからなんだ。

それでは，積分計算の **8** つの基本公式を下に示す。これは逆に見れば，微分計算の **8** つの知識 (基本公式) に対応しているんだね。

積分計算の 8 つの基本公式

$$(1)\int x^p\,dx = \frac{1}{p+1}x^{p+1} + C \qquad (2)\int \cos x\,dx = \sin x + C$$

$$(3)\int \sin x\,dx = -\cos x + C \qquad (4)\int \frac{1}{\cos^2 x}\,dx = \tan x + C$$

$$(5)\int e^x\,dx = e^x + C \qquad (6)\int a^x\,dx = \frac{a^x}{\log a} + C$$

$$(7)\int \frac{1}{x}\,dx = \log|x| + C \qquad (8)\int \frac{f'(x)}{f(x)}\,dx = \log|f(x)| + C$$

(ただし，$p \neq -1$，$a > 0$ かつ $a \neq 1$，対数は自然対数)

これらは，みんな，右辺を x で微分すると，左辺の被積分関数になるのは大丈夫だよね。エッ？**(7)** と **(8)** の絶対値の意味がよくわからないって？

いいよ，**(7)** で説明しておこう。

(i) $x > 0$ のとき

$(\log x)' = \dfrac{1}{x}$ だから，$\displaystyle\int \dfrac{1}{x}\,dx = \log \underbrace{x}_{|x|\ (\because x>0)} + C$ だね。

(ii) $x < 0$ のとき，$-x > 0$ より

$\{\log (\underbrace{-x}_{\oplus})\}' = \underbrace{\dfrac{-1}{-x}}_{\frac{f'}{f}} = \dfrac{1}{x}$ だから，$\displaystyle\int \dfrac{1}{x}\,dx = \log (\underbrace{-x}_{|x|\ (\because x<0)}) + C$ となる。

ここで，・$x > 0$ のとき $|x| = x$，　・$x < 0$ のとき $|x| = -x$ だから，

(i)(ii) より，x の正・負に関わらず，$\displaystyle\int \dfrac{1}{x}\,dx = \log|x| + C$ となるんだね。

納得いった？

$(8)\displaystyle\int \dfrac{f'}{f}\,dx = \log|f| + C$ も同様だよ。

$f(x)$ を f，$f'(x)$ を f' と略記した。

◆ 例題 15 ◆

次の不定積分を求めよ。

(1) $\displaystyle\int 2\sin x\,dx$　　　　　(2) $\displaystyle\int (e^{x+1}-2^{x+2})\,dx$

(3) $\displaystyle\int \dfrac{x}{x^2+1}\,dx$

解答

定数係数は積分記号の外に出せる

公式:
$\displaystyle\int \sin x\,dx=-\cos x$
を使った!

(1) $\displaystyle\int 2\sin x\,dx=2\int \sin x\,dx=2(-\cos x)+C$

$\qquad\qquad\quad =-2\cos x+C$ ……………(答)

以降, 公式では, 積分定数 C は省略するよ!

(2) $\displaystyle\int (e^{x+1}-2^{x+2})\,dx=\int (e\cdot e^x-\overset{4}{(2^2)}\cdot 2^x)\,dx$

たし算や引き算は項別に積分できる!
係数は別にして, 積分の後でかける!

$\qquad\qquad =e\displaystyle\int e^x\,dx-4\int 2^x\,dx$

公式:
$\displaystyle\int e^x\,dx=e^x,\ \int a^x\,dx=\dfrac{a^x}{\log a}$
を使った!

$\qquad\qquad =e\cdot e^x-4\cdot\dfrac{2^x}{\log 2}+\underline{C}$

積分定数は, まとめて最後に 1 つ付ければいい。

$\qquad\qquad =e^{x+1}-\dfrac{2^{x+2}}{\log 2}+C$ ……(答)

(3) これは, 分母を $f(x)=x^2+1$ とおくと, $f'(x)=2x$ だから,

公式 $\displaystyle\int \dfrac{f'}{f}\,dx=\log|f|$ が使える。

定数係数 2 をかけた分, $\dfrac{1}{2}$ を積分記号の外に出す!

$\displaystyle\int \dfrac{x}{x^2+1}\,dx=\dfrac{1}{2}\int \dfrac{\overset{f'}{(2x)}}{\underset{f}{(x^2+1)}}\,dx$

これは正だから
$|x^2+1|=x^2+1$ だ

公式: $\displaystyle\int \dfrac{f'}{f}\,dx=\log|f|$
を使った!

$\qquad\qquad\quad =\dfrac{1}{2}\log (x^2+1)+C$ ………………………(答)

どう？ 不定積分にもだんだん慣れてきた？ それでは，次，積分区間が $a \leqq x \leqq b$ の**定積分**の計算法を下に示すよ。

定積分の計算

定積分の計算では，どうせ引き算で消去されるので，積分定数 C は不要だ！

$$\int_a^b f(x)\, dx = \left[F(x) \right]_a^b = \underline{F(b) - F(a)}$$

定積分の結果は定数になる！

これは，数学 II の定積分の定義と同じだから，みんな大丈夫だね。

それでは，例題 15 の (1) を，次の定積分の問題に書き換えて，実際に計算してみるよ。

$(1) \displaystyle\int_0^{\frac{\pi}{2}} 2\sin x\, dx = 2\int_0^{\frac{\pi}{2}} \sin x\, dx = 2\left[-\cos x \right]_0^{\frac{\pi}{2}}$

定数になった！

$\displaystyle = -2\left[\cos x \right]_0^{\frac{\pi}{2}} = -2\left(\underset{0}{\left(\cos\frac{\pi}{2}\right)} - \underset{1}{\cos 0} \right) = 2$ ‥‥‥‥‥(答)

これで，定積分の計算の要領もつかめた？ それでは，段々本格的な問題に入っていこう。

● 積分では，合成関数の微分を逆に使える！

$\sin 3x$ を x で微分すると，$3x = t$ とおいて合成関数の微分より，

$(\sin \overset{t}{\underbrace{(3x)}})' = \overset{(3x)'}{\underbrace{(3)}} \cdot \cos \overset{t}{\underbrace{(3x)}}$ となるのはいいね。この両辺を 3 で割って，積分の形に書き換えると，$\displaystyle\int \cos 3x\, dx = \frac{1}{3}\sin 3x + C$ となる。このように，合成関数の微分を逆に考えると，次の三角関数の積分公式が，導けるんだよ。覚えてくれ。

以後，積分公式では積分定数 C は略すよ。

$\cos mx$, $\sin mx$ の積分公式

$(1) \displaystyle\int \cos mx\, dx = \frac{1}{m}\sin mx$ $(2) \displaystyle\int \sin mx\, dx = -\frac{1}{m}\cos mx$

次に，$(\log x)^3$ を x で微分すると，

$$\{(\underbrace{(\log x)}_{f})^3\}' = \underbrace{(3(\log x)^2)}_{3f^2} \cdot \underbrace{\frac{1}{x}}_{f'} \quad \text{となるね。ここで，} \log x \text{ を } f \text{ と略記する}$$

と，$(f^3)' = 3f^2 \cdot f'$ となるので，これを 3 で割って，積分の形で表すと，

$\displaystyle\int f^2 \cdot f' \, dx = \frac{1}{3} f^3 + C$ となるんだね。これをさらに一般化すると，次の

公式になる。これも，是非覚えよう。

■ $f^n \cdot f'$ の積分公式

$f(x) = f,\ f'(x) = f'$ と略記して，

$$\int f^n \cdot f' \, dx = \frac{1}{n+1} f^{n+1} \quad (\text{ただし，} n \neq -1)$$

◆例題 16 ◆

次の定積分を求めよ。

(1) $\displaystyle\int_0^{\frac{\pi}{2}} \cos^2 x \, dx$ 　　　　　　(2) $\displaystyle\int_0^{\frac{\pi}{4}} \frac{\tan^3 x}{\cos^2 x} \, dx$

解答

(1) $\displaystyle\int_0^{\frac{\pi}{2}} \underbrace{(\cos^2 x)}_{\frac{1+\cos 2x}{2}} dx = \frac{1}{2} \int_0^{\frac{\pi}{2}} (1 + \cos 2x) \, dx$

> $\sin^2 x,\ \cos^2 x$ の積分では，
> 半角の公式：
> (1) $\sin^2 x = \dfrac{1 - \cos 2x}{2}$
> (2) $\cos^2 x = \dfrac{1 + \cos 2x}{2}$ を使う！

> 公式：
> $\displaystyle\int \cos mx \, dx = \dfrac{1}{m} \sin mx$

$$= \frac{1}{2} \left[x + \frac{1}{2} \sin 2x \right]_0^{\frac{\pi}{2}}$$

$$= \frac{1}{2} \left\{ \frac{\pi}{2} + \frac{1}{2} \underbrace{\sin \pi}_{0} - \left(0 + \frac{1}{2} \underbrace{\sin 0}_{0} \right) \right\} = \frac{\pi}{4} \quad \cdots\cdots\cdots\cdots\cdots(\text{答})$$

(2) $f(x) = \tan x$ とおくと，$f'(x) = \dfrac{1}{\cos^2 x}$ より，$f^3 \cdot f'$ の積分だね。

$$\int_0^{\frac{\pi}{4}} \underbrace{(\tan^3 x)}_{f^3} \cdot \underbrace{\left(\frac{1}{\cos^2 x} \right)}_{f'} dx = \left[\underbrace{\frac{1}{4} \tan^4 x}_{\frac{1}{4}f^4} \right]_0^{\frac{\pi}{4}}$$

> 公式：
> $\displaystyle\int f^n \cdot f' \, dx = \dfrac{1}{n+1} f^{n+1}$

$$= \frac{1}{4} \left(\underbrace{\tan^4 \frac{\pi}{4}}_{1^4} - \underbrace{\tan^4 0}_{0} \right) = \frac{1}{4} \quad \cdots\cdots\cdots\cdots(\text{答})$$

● 部分積分では，右辺の積分を簡単化しよう！

$f(x)=f$，$g(x)=g$ とおくと，$f \cdot g$ の微分は，積の微分の公式より，$(f \cdot g)'=f' \cdot g+f \cdot g'$ となるのはいいね。ここで，この両辺を積分すると，

$$f \cdot g = \int (f' \cdot g +f \cdot g') dx$$

$$f \cdot g = \int f' \cdot g \, dx + \int f \cdot g' \, dx$$

たし算は，項別に積分できる！ となる。

これから，次の重要な**部分積分**の公式が導ける。

部分積分の公式

$f(x)=f$，$g(x)=g$ と略記すると，

(1) $\displaystyle\int f' \cdot g \, dx = f \cdot g - \underline{\underline{\int f \cdot g' \, dx}}$ 〔簡単化！〕

(2) $\displaystyle\int f \cdot g' \, dx = f \cdot g - \underline{\underline{\int f' \cdot g \, dx}}$ 〔簡単化！〕

2つの関数の和や差の積分は，項別に積分できるから問題ないね。また，2つの関数の商の積分では，公式 $\displaystyle\int \frac{f'}{f} dx = \log|f|$ にもち込むんだ。そして，2つの関数の積の積分では，この部分積分が威力を発揮するんだよ。

1例として，x と $\cos x$ の積の積分 $\displaystyle\int x \cdot \cos x \, dx$ を求めよう。

(i) $\displaystyle\int f \cdot g' \, dx$ の形にするために，$\cos x = (\sin x)'$ とおくと，

$\cos x$ を積分して，微分したものが g' だ！

$$\int x \cdot \underset{\sim\sim}{\cos x} \, dx = \int x \cdot \overset{g'}{(\sin x)'} \, dx$$

公式：$\displaystyle\int f \cdot g' \, dx$ $= f \cdot g - \displaystyle\int f' \cdot g \, dx$

$$= x \cdot \sin x - \underline{\underline{\int \overset{x'}{\textcircled{1}} \sin x \, dx}}$$

簡単になった！

$$= x \cdot \sin x - (-\cos x) + C$$

$$= x \cdot \sin x + \cos x + C \quad とうまく求まったね。$$

これを，x の方を積分して，´ を付けて，部分積分にもち込むと，

$$(\text{ii}) \int \underset{\sim}{x} \cdot \cos x \, dx = \int \left(\frac{1}{2} x^2 \right)^{\prime} \cdot \cos x \, dx$$

$$= \frac{1}{2} x^2 \cdot \cos x - \int \frac{1}{2} x^2 \cdot \left((-\sin x) \right) dx$$

$(\cos x)^{\prime}$

公式：$\int f^{\prime} \cdot g \, dx$
$= f \cdot g - \int f \cdot g^{\prime} dx$

これが複雑な積分となって，失敗！

変形後の積分が元の積分よりさらに複雑になって，逆に計算が難しくなってしまうんだね。

このように，部分積分では，右辺 (変形後) の積分が簡単になるようにもっていくところが，ポイントなんだ。

● **置換積分は，3 つのステップで解ける！**

ここで，定積分 $\int_0^1 x \cdot e^{-x^2} dx$ を考えてみよう。これは，合成関数に習熟している人なら，この不定積分が，e^{-x^2} に関係することがわかるはずだ。すなわち，$(e^{\overset{t}{-x^2}})^{\prime} = \overset{(e^{t})^{\prime}}{e^{-x^2}} \cdot (-x^2)^{\prime} = -2x \cdot e^{-x^2}$ となるので，この両辺を -2 で割って積分の形に書きかえると

$$\int x e^{-x^2} dx = -\frac{1}{2} e^{-x^2} + C \text{ より，}$$

$$\int_0^1 x \cdot e^{-x^2} dx = -\frac{1}{2} \left[e^{-x^2} \right]_0^1 = -\frac{1}{2} (e^{-1} - e^0) = \frac{1}{2} \left(1 - \frac{1}{e} \right)$$

と，アッサリ解けるんだね。この合成関数を逆手にとる解き方は非常に大事だから，是非マスターしよう。

ここでは，さらに，同じ定積分を，変数を置き換えることによって解く**置換積分**についても詳しく話す。これは，次のように 3 つのステップで解くんだよ。

定積分 $\int_0^1 x \cdot e^{\overset{t \text{ とおく}}{-x^2}} dx$ について，

(i) $-x^2 = t$ ……① とおく。 ← 1st ステップ：x の式を t で置換する！

(ii) $x : 0 \to 1$ のとき，$t = -x^2$ より

114

$$t : \boxed{0}^{\overset{-0^2}{\downdownarrows}} \rightarrow \boxed{-1}^{\overset{-1^2}{\downdownarrows}} \quad \longleftarrow \boxed{\text{2nd ステップ:} t \text{の積分区間を決める!}}$$

(ⅲ) ①より $(-x^2)' \, dx = t' \, dt$ よって, $-2x \, dx = 1 \, dt$

$$\boxed{x \text{の式は, } x \text{で微分} \atop \text{して, } dx \text{をかける}} \quad \boxed{t \text{の式は} t \text{で微分} \atop \text{して, } dt \text{をかける}}$$

$$\therefore x \, dx = -\frac{1}{2} \, dt \quad \longleftarrow \boxed{\text{3rd ステップ:} dx \text{と } dt \text{の関係式を求める!}}$$

以上より, 与定積分は,

$$\int_0^1 x \cdot e^{-x^2} dx = \int_{\boxed{0}^{\underset{t=0}{}}}^{\boxed{1}^{\overset{t=-1}{}}} e^{\overset{t}{-x^2}} \cdot \underbrace{(x \, dx)}_{-\frac{1}{2}dt} = \int_0^{-1} e^t \cdot \left(-\frac{1}{2}\right) dt$$

$$\boxed{\text{この} -1 \text{で, 積分区間を切り替える!}}$$

$$= \frac{1}{2} \cdot (-1)\int_0^{-1} e^t dt = \frac{1}{2}\int_{-1}^0 e^t dt \qquad \boxed{x \text{での積分が, すべて, } t \text{での} \atop \text{積分に置き換えられている。}}$$

$$= \frac{1}{2}\left[e^t\right]_{-1}^0 = \frac{1}{2}(e^0 - e^{-1}) = \frac{1}{2}\left(1 - \frac{1}{e}\right) \quad となって, 同じ結果だ!$$

今回は, 直感的に, $-x^2 = t$ とおくことによって, t での置換積分でうまくいったんだね。このように, 複雑な関数の積分が出てきたときは, 変数を置換してうまくいく場合が多いので, 自分なりに是非チャレンジしてみよう。

でも, いくつかの置換積分に関しては, うまくいく変数の置き換え方が決まっているので, それを下にまとめておく。覚えてくれ!

■ パターンの決まった置換積分

(1) $\displaystyle\int \sqrt{a^2 - x^2}\, dx$ や $\displaystyle\int \frac{1}{\sqrt{a^2 - x^2}}\, dx$ $(a:正の定数)$ などの場合,

$x = a\sin\theta$ とおく。(または, $x = a\cos\theta$ とおく。)

(2) $\displaystyle\int \frac{1}{a^2 + x^2}\, dx$ $(a:正の定数)$ の場合, $x = a\tan\theta$ とおく。

(3) $\displaystyle\int f(\sin x) \cdot \cos x\, dx$ の場合, $\sin x = t$ とおく。

(4) $\displaystyle\int f(\cos x) \cdot \sin x\, dx$ の場合, $\cos x = t$ とおく。

三角関数の積の積分計算

次の定積分を求めよ。

$(1) \displaystyle\int_0^\pi \sin^2 2x \, dx$

$(2) \displaystyle\int_0^{\frac{\pi}{4}} \sin 3x \cdot \cos x \, dx$

$(3) \displaystyle\int_0^{\frac{\pi}{2}} \cos 2x \cdot \cos x \, dx$

ヒント! (1) は半角の公式を使い，(2)(3) では，積→和の公式を使えば，$\sin mx$ や $\cos mx$ の積分に帰着するんだね。

解答＆解説

$(1) \displaystyle\int_0^\pi \boxed{\sin^2 2x} \, dx = \frac{1}{2} \int_0^\pi (1 - \cos 4x) \, dx$

$\boxed{\dfrac{1}{2}(1-\cos 4x)}$ ──[半角の公式]　　　$\boxed{\displaystyle\int \cos mx \, dx = \frac{1}{m}\sin mx}$ だ！

$\qquad = \dfrac{1}{2}\left[x - \dfrac{1}{4}\sin 4x \right]_0^\pi = \dfrac{\pi}{2}$ ……………………(答)

$(2) \displaystyle\int_0^{\frac{\pi}{4}} \underset{\alpha}{\sin \boxed{3x}} \cdot \underset{\beta}{\cos \boxed{x}} \, dx = \frac{1}{2}\int_0^{\frac{\pi}{4}} (\sin 4x + \sin 2x)\, dx$

$\boxed{\dfrac{1}{2}\{\sin(\alpha+\beta)+\sin(\alpha-\beta)\}}$ ──[積→和の公式]　　　$\boxed{\displaystyle\int \sin mx \, dx = -\frac{1}{m}\cos mx}$ だ

積→和の公式が苦手な人は，「**元気が出る数学Ⅱ**」(マセマ) で練習するといいよ。

$\qquad = \dfrac{1}{2}\left[-\dfrac{1}{4}\cos 4x - \dfrac{1}{2}\cos 2x \right]_0^{\frac{\pi}{4}}$

$\qquad = \dfrac{1}{2}\left\{ -\dfrac{1}{4}\underset{-1}{\boxed{\cos\pi}} - \dfrac{1}{2}\underset{0}{\boxed{\cos\frac{\pi}{2}}} - \left(-\dfrac{1}{4}\underset{1}{\boxed{\cos 0}} - \dfrac{1}{2}\underset{1}{\boxed{\cos 0}} \right) \right\}$

$\qquad = \dfrac{1}{2}\left(\dfrac{1}{4} + \dfrac{1}{4} + \dfrac{1}{2} \right) = \dfrac{1}{2}$ ……………………………(答)

$(3) \displaystyle\int_0^{\frac{\pi}{2}} \underset{\alpha}{\cos\boxed{2x}}\,\underset{\beta}{\cos\boxed{x}}\, dx = \frac{1}{2}\int_0^{\frac{\pi}{2}} (\cos 3x + \cos x)\, dx$

$\boxed{\dfrac{1}{2}\{\cos(\alpha+\beta)+\cos(\alpha-\beta)\}}$ ──[積→和の公式]

$\qquad = \dfrac{1}{2}\left[\dfrac{1}{3}\sin 3x + \sin x \right]_0^{\frac{\pi}{2}} = \dfrac{1}{2}\left(-\dfrac{1}{3} + 1 \right) = \dfrac{1}{3}$ …(答)

合成関数の微分を逆手にとる積分計算

次の定積分を求めよ。

$(1)\displaystyle\int_0^{\frac{\pi}{2}} \sin^2 x \cdot \cos x\, dx$

$(2)\displaystyle\int_1^{e} \frac{(\log x)^4}{x}\, dx$

$(3)\displaystyle\int_0^1 x(x^2+1)^5\, dx$

$(4)\displaystyle\int_0^1 x\sqrt{1-x^2}\, dx$ 　　　　（北見工大）

ヒント！ (1)(2) は，$f^n \cdot f'$ の形の積分だね。(3)(4) も，合成関数の微分を逆手にとると，不定積分の形が見えてくるはずだ。

解答＆解説

(1) $f(x) = \sin x$ とおくと，$f'(x) = \cos x$ より

$$\int_0^{\frac{\pi}{2}} \underbrace{\sin^2 x}_{f^2} \cdot \underbrace{\cos x}_{f'}\, dx = \left[\underbrace{\frac{1}{3}\sin^3 x}_{\frac{1}{3}f^3}\right]_0^{\frac{\pi}{2}} = \frac{1}{3} \cdot 1^3 = \frac{1}{3}　\cdots\cdots\cdots\cdots（答）$$

(2) $f(x) = \log x$ とおくと，$f'(x) = \dfrac{1}{x}$ より

$$\int_1^{e} \underbrace{(\log x)^4}_{f^4}\underbrace{\frac{1}{x}}_{f'}\, dx = \left[\underbrace{\frac{1}{5}(\log x)^5}_{\frac{1}{5}f^5}\right]_1^{e} = \frac{1}{5} \cdot 1^5 = \frac{1}{5}　\cdots\cdots\cdots\cdots（答）$$

(3) $\displaystyle\int_0^1 \underline{x(x^2+1)^5}\, dx$

$$= \left[\frac{1}{12}\underline{(x^2+1)^6}\right]_0^1 = \frac{1}{12}(2^6-1^6)$$

$$= \frac{63}{12} = \frac{21}{4}　\cdots\cdots\cdots\cdots（答）$$

> 被積分関数の形から，この積分は $(x^2+1)^6$ のようになると類推できるね。これを，実際に微分すると，
> $$\{\underbrace{(x^2+1)}_{t}{}^6\}' = 6 \cdot (x^2+1)^5 \cdot 2x$$
> $$= 12 \cdot x(x^2+1)^5$$
> となるからね。

(4) $\displaystyle\int_0^1 \underline{x \cdot \sqrt{1-x^2}}\, dx$

$$= \left[-\frac{1}{3}\underline{(1-x^2)^{\frac{3}{2}}}\right]_0^1$$

$$= -\frac{1}{3}(0-1) = \frac{1}{3}　\cdots\cdots\cdots（答）$$

> この積分も，$(1-x^2)^{\frac{3}{2}}$ のようになるとわかるね。実際に，これを微分すると，
> $$\{\underbrace{(1-x^2)}_{t}{}^{\frac{3}{2}}\}' = \frac{3}{2}(1-x^2)^{\frac{1}{2}} \cdot (-2x)$$
> $$= -3x\sqrt{1-x^2}$$
> となる。

$\int \dfrac{f'}{f} dx$ の形の積分

絶対暗記問題 41	難易度 ★★	CHECK1	CHECK2	CHECK3

次の定積分を求めよ。

(1)$\displaystyle\int_0^1 \dfrac{x^2}{x^3+1} dx$
(2)$\displaystyle\int_1^2 \dfrac{1}{x^2+2x} dx$
(3)$\displaystyle\int_{\frac{\pi}{6}}^{\frac{\pi}{3}} \dfrac{1}{\tan x} dx$

(4)$\displaystyle\int_{\frac{\pi}{4}}^{\frac{\pi}{3}} \dfrac{1}{\tan x \cdot \cos^2 x} dx$
(5)$\displaystyle\int_e^{e^2} \dfrac{1}{x\log x} dx$
(6)$\displaystyle\int_0^1 \dfrac{1}{1+e^x} dx$

ヒント! いずれの積分も公式：$\displaystyle\int \dfrac{f'}{f} dx = \log|f| + C$ を利用して解く問題なんだね。それぞれ工夫して解いていくことになるけれど，(2)では，$\dfrac{1}{x(x+2)}$ を部分分数に分解し，(6)では，$\dfrac{1}{1+e^x}$ の分子・分母に e^{-x} をかけると，話が見えてくると思う。

解答&解説

(1)$\displaystyle\int_0^1 \dfrac{x^2}{x^3+1} dx = \dfrac{1}{3}\int_0^1 \dfrac{3x^2}{x^3+1} dx$

分母 $=x^3+1$ より，分子を $(x^3+1)' = 3x^2$ の形にする ｜ $\displaystyle\int \dfrac{f'}{f} dx = \log|f| + C$

$= \dfrac{1}{3}\Big[\log(x^3+1)\Big]_0^1 = \dfrac{1}{3}(\log 2 - \underbrace{\log 1}_{0}) = \dfrac{1}{3}\log 2$ ··························(答)

(2)$\displaystyle\int_1^2 \underbrace{\dfrac{1}{x^2+2x}}_{} dx = \dfrac{1}{2}\int_1^2 \Big(\dfrac{1}{x} - \dfrac{1}{x+2}\Big) dx$

$\dfrac{1}{x(x+2)} = \dfrac{1}{2}\Big(\dfrac{1}{x} - \dfrac{1}{x+2}\Big)$ （部分分数に分解して，2つの $\dfrac{f'}{f}$ の形を作る。）

$= \dfrac{1}{2}\Big[\log x - \log(x+2)\Big]_1^2 = \dfrac{1}{2}\{\log 2 - \log 4 - (\underbrace{\log 1}_{} - \log 3)\}$

$= \dfrac{1}{2}\log \dfrac{2\times 3}{4} = \dfrac{1}{2}\log \dfrac{3}{2}$ ···································(答)

(3)$\displaystyle\int_{\frac{\pi}{6}}^{\frac{\pi}{3}} \dfrac{1}{\tan x} dx = \int_{\frac{\pi}{6}}^{\frac{\pi}{3}} \dfrac{1}{\underbrace{\dfrac{\sin x}{\cos x}}} dx = \int_{\frac{\pi}{6}}^{\frac{\pi}{3}} \dfrac{\cos x}{\sin x} dx$ ← $\displaystyle\int \dfrac{f'}{f} dx$ の形

よって，

118

$$\int_{\frac{\pi}{6}}^{\frac{\pi}{3}} \frac{1}{\tan x} dx = \left[\log(\sin x)\right]_{\frac{\pi}{6}}^{\frac{\pi}{3}} = \log\left(\sin\frac{\pi}{3}\right) - \log\left(\sin\frac{\pi}{6}\right) \qquad \log\frac{\frac{\sqrt{3}}{2}}{\frac{1}{2}} = \log\sqrt{3}$$

$$= \log\frac{\sqrt{3}}{2} - \log\frac{1}{2} = \log\sqrt{3} = \log 3^{\boxed{\frac{1}{2}}} = \frac{1}{2}\log 3 \quad \cdots\cdots\cdots(答)$$

(4) $\displaystyle\int_{\frac{\pi}{4}}^{\frac{\pi}{3}} \frac{1}{\tan x \cdot \cos^2 x} dx = \int_{\frac{\pi}{4}}^{\frac{\pi}{3}} \frac{\frac{1}{\cos^2 x}}{\tan x} dx$ ← $\boxed{\displaystyle\int \frac{f'}{f} dx \text{ の形}}$

$$= \left[\log(\tan x)\right]_{\frac{\pi}{4}}^{\frac{\pi}{3}} = \log\left(\tan\frac{\pi}{3}\right) - \log\left(\tan\frac{\pi}{4}\right)$$

$$= \log\sqrt{3} - \underset{0}{\underline{\log 1}} = \log 3^{\boxed{\frac{1}{2}}} = \frac{1}{2}\log 3 \quad \cdots\cdots\cdots\cdots\cdots(答)$$

(5) $\displaystyle\int_{e}^{e^2} \frac{1}{x \cdot \log x} dx = \int_{e}^{e^2} \frac{\frac{1}{x}}{\log x} dx$ ← $\boxed{\displaystyle\int \frac{f'}{f} dx \text{ の形}}$

$$= \left[\log(\log x)\right]_{e}^{e^2} = \log\underset{\textcircled{2}}{(\underline{\log e^2})} - \log\underset{\textcircled{1}}{(\underline{\log e})}$$

$$= \log 2 - \underset{\textcircled{0}}{\underline{\log 1}} = \log 2 \quad \cdots\cdots\cdots\cdots\cdots\cdots\cdots(答)$$

(6) $\displaystyle\int_{0}^{1} \frac{1}{1+e^x} dx$ の被積分関数の分子・分母に e^{-x} をかけると,

$$\int_{0}^{1} \frac{e^{-x}}{(1+e^x)\cdot e^{-x}} dx = -\int_{0}^{1} \frac{-e^{-x}}{e^{-x}+1} dx$$ ← $\boxed{\displaystyle\int \frac{f'}{f} dx \text{ の形}}$

$$= -\left[\log(e^{-x}+1)\right]_{0}^{1} = -\{\log(e^{-1}+1) - \log(1+1)\}$$

$$= \log 2 - \log\frac{e+1}{e} = \log\frac{2}{\boxed{\frac{e+1}{e}}}$$

$$= \log\frac{2e}{e+1} \quad \cdots\cdots\cdots\cdots\cdots\cdots\cdots(答)$$

絶対暗記問題 42	難易度 ★	CHECK1	CHECK2	CHECK3

次の定積分を求めよ。

$(1)\displaystyle\int_0^1 x \cdot e^x \, dx$　　　$(2)\displaystyle\int_1^e x^2 \cdot \log x \, dx$　　　$(3)\displaystyle\int_0^{\frac{\pi}{4}} x \cdot \sin 2x \, dx$

ヒント！ すべて，部分積分の問題だ。部分積分では，変形後の積分が簡単となるように工夫すればいいんだね。頑張れ。

解答 & 解説

$(1)\displaystyle\int_0^1 x \cdot e^x \, dx = \int_0^1 x \cdot (e^x)' \, dx$

> 部分積分の公式：
> $\displaystyle\int_0^1 f \cdot g' \, dx$
> $\quad = [f \cdot g]_0^1 - \displaystyle\int_0^1 f' \cdot g \, dx$
> を使った！

$\displaystyle = [x \cdot e^x]_0^1 - \int_0^1 \underset{x'}{①} \cdot e^x \, dx$

簡単になった！

$= 1 \cdot e^1 - 0 \cdot e^0 - [e^x]_0^1 = e - (e-1) = 1$ ………………………(答)

> $\log x$ の場合，$\log x$ でないものを積分して，$'$ するとうまくいくよ。

$(2)\displaystyle\int_1^e x^2 \cdot \log x \, dx = \int_1^e \left(\frac{1}{3}x^3\right)' \cdot \log x \, dx$

> $\displaystyle\int_1^e f' \cdot g \, dx$
> $= [f \cdot g]_1^e - \displaystyle\int_1^e f \cdot g' \, dx$

$\displaystyle = \left[\frac{1}{3}x^3 \log x\right]_1^e - \int_1^e \frac{1}{3}x^3 \cdot \overset{(\log x)'}{\frac{1}{x}} \, dx$

簡単！

$\displaystyle = \frac{1}{3}e^3 \cdot \underset{1}{(\log e)} - \frac{1}{3}\left[\frac{1}{3}x^3\right]_1^e$

$= \dfrac{1}{3}e^3 - \dfrac{1}{9}(e^3 - 1) = \dfrac{2e^3 + 1}{9}$ …………………………………(答)

$(3)\displaystyle\int_0^{\frac{\pi}{4}} x \cdot \sin 2x \, dx = \int_0^{\frac{\pi}{4}} x \cdot \left(-\frac{1}{2}\cos 2x\right)' \, dx$

> $\displaystyle\int_0^{\frac{\pi}{4}} f \cdot g' \, dx$
> $= [f \cdot g]_0^{\frac{\pi}{4}} - \displaystyle\int_0^{\frac{\pi}{4}} f' \cdot g \, dx$

$\displaystyle = \left[-\frac{1}{2}x \cdot \cos 2x\right]_0^{\frac{\pi}{4}} - \int_0^{\frac{\pi}{4}} \underset{x'}{①} \cdot \left(-\frac{1}{2}\cos 2x\right) dx$

簡単！

$\displaystyle = \frac{1}{2}\left[\frac{1}{2}\sin 2x\right]_0^{\frac{\pi}{4}} = \frac{1}{4} \cdot \left(\sin\frac{\pi}{2} - \sin 0\right) = \frac{1}{4}$ ………………………(答)

$$J_n = \int_0^{\frac{\pi}{2}} \cos^n x \, dx \text{ の計算}$$

| 絶対暗記問題 43 | 難易度 ★★ | CHECK1 | CHECK2 | CHECK3 |

$J_n = \int_0^{\frac{\pi}{2}} \cos^n x \, dx$ ……① $(n = 0, 1, 2, \cdots)$ について次の問いに答えよ。

(1) $J_n = \dfrac{n-1}{n} J_{n-2}$ ……(*) $(n = 2, 3, 4, \cdots)$ が成り立つことを示せ。

(2) J_0, J_1 と J_6, J_7 を求めよ。

ヒント！ (1)では，$J_n = \int_0^{\frac{\pi}{2}} \cos^{n-1} x \cdot (\sin x)' dx$ として，部分積分に持ち込めばいい。
(2)の J_0, J_1 は直接積分して求め，J_6, J_7 は (*) の公式を利用して求めよう。

解答＆解説

(1) ①の J_n を変形すると，

部分積分：
$\int_0^{\frac{\pi}{2}} f \cdot g' dx = [f \cdot g]_0^{\frac{\pi}{2}} - \int_0^{\frac{\pi}{2}} f' \cdot g \, dx$

$$J_n = \int_0^{\frac{\pi}{2}} \cos^n x \, dx = \int_0^{\frac{\pi}{2}} \cos^{n-1} x \cdot (\sin x)' dx$$

$\cos^{n-1} x \cdot \cos x = \cos^{n-1} x \cdot (\sin x)'$ として部分積分にもち込む

$$= [\cos^{n-1} x \cdot \sin x]_0^{\frac{\pi}{2}} - \int_0^{\frac{\pi}{2}} (\cos^{n-1} x)' \cdot \sin x \, dx$$

$\underbrace{\cos^{n-1}\frac{\pi}{2} \cdot \sin\frac{\pi}{2} - \cos^{n-1} 0 \cdot \sin 0}_{0}$

$(n-1)\cos^{n-2} x \cdot (\cos x)' = -(n-1)\cos^{n-2} x \cdot \sin x$ 合成関数の微分

$$= (n-1) \int_0^{\frac{\pi}{2}} \cos^{n-2} x \cdot \underbrace{\sin x \cdot \sin x}_{\sin^2 x = 1 - \cos^2 x} dx$$

$$= (n-1) \int_0^{\frac{\pi}{2}} \cos^{n-2} x \cdot (1 - \cos^2 x) dx = (n-1) \int_0^{\frac{\pi}{2}} (\cos^{n-2} x - \cos^n x) dx$$

$$= (n-1) \left(\underbrace{\int_0^{\frac{\pi}{2}} \cos^{n-2} x \, dx}_{J_{n-2}} - \underbrace{\int_0^{\frac{\pi}{2}} \cos^n x \, dx}_{J_n} \right)$$

よって，$J_n = (n-1)(J_{n-2} - J_n) = (n-1)J_{n-2} - (n-1)J_n$ より，

$J_n + (n-1)J_n = (n-1)J_{n-2}$ ∴公式：$J_n = \dfrac{n-1}{n} J_{n-2}$ ……(*) が成り立つ。

………(終)

(2) ・$J_0 = \int_0^{\frac{\pi}{2}} \underbrace{\cos^0 x}_{(\cos x)^0 = 1}\, dx = \left[x\right]_0^{\frac{\pi}{2}} = \frac{\pi}{2}$ ……② ……(答)

$$\boxed{\begin{aligned} J_n &= \int_0^{\frac{\pi}{2}} \cos^n x\, dx \ \cdots\cdots① \\ J_n &= \frac{n-1}{n} J_{n-2} \ \cdots\cdots(*) \end{aligned}}$$

・$J_1 = \int_0^{\frac{\pi}{2}} \cos^1 x\, dx = \left[\sin x\right]_0^{\frac{\pi}{2}} = \underbrace{\sin\frac{\pi}{2}}_{1} - \underbrace{\sin 0}_{0} = 1$ ……③ ……(答)

・次に J_6 は，公式：$J_n = \dfrac{n-1}{n} J_{n-2}$ を順に用いると，

$$J_6 = \frac{5}{6} \cdot J_4 = \frac{5}{6} \cdot \underbrace{\frac{3}{4} \cdot J_2}_{\boxed{\frac{3}{4} \cdot J_2}} = \frac{5}{6} \cdot \frac{3}{4} \cdot \underbrace{\frac{1}{2} \cdot J_0}_{\boxed{\frac{1}{2} \cdot J_0}} \ \text{より，} \quad \underbrace{}_{\boxed{\frac{\pi}{2}\,(②より)}}$$

$$J_6 = \int_0^{\frac{\pi}{2}} \cos^6 x\, dx = \frac{5}{\overset{2}{6}} \cdot \frac{3}{4} \cdot \frac{1}{2} \cdot \frac{\pi}{2} = \frac{5}{32}\pi \quad\cdots\cdots\cdots\cdots\cdots\cdots\text{(答)}$$

・J_7 も同様に，公式 $(*)$ を順に用いると，

$$J_7 = \frac{6}{7} \cdot J_5 = \frac{6}{7} \cdot \underbrace{\frac{4}{5} \cdot J_3}_{\boxed{\frac{4}{5} \cdot J_5}} = \frac{6}{7} \cdot \frac{4}{5} \cdot \underbrace{\frac{2}{3} \cdot J_1}_{\boxed{\frac{2}{3} \cdot J_1}} \ \text{より，} \quad \underbrace{}_{\boxed{1\,(③より)}}$$

$$J_7 = \int_0^{\frac{\pi}{2}} \cos^7 x\, dx = \frac{\overset{2}{6}}{7} \cdot \frac{4}{5} \cdot \frac{2}{\overset{}{3}} \cdot 1 = \frac{16}{35} \quad\cdots\cdots\cdots\cdots\cdots\cdots\text{(答)}$$

> **参考**
>
> $J_n = \displaystyle\int_0^{\frac{\pi}{2}} \cos^n x\, dx$ について，$J_n = \dfrac{n-1}{n} J_{n-2}$ ……$(*)$ が成り立つことを示したけれど，
>
> 同様に，
>
> $I_n = \displaystyle\int_0^{\frac{\pi}{2}} \sin^n x\, dx$ とおくと，$I_n = \dfrac{n-1}{n} I_{n-2}$ ……$(*)'$ が成り立つ。
>
> これらは便利な公式なので，覚えて利用するといいね。
>
> $(*)'$ については，この後で，絶対暗記問題 **64 (P165)** で解説しよう。

$$\boxed{I=\int e^x\cdot\sin x\,dx\ \text{の計算}}$$

不定積分 $I=\int e^x\cdot\sin x\,dx$ ……① が

$I=\dfrac{1}{2}e^x(\sin x-\cos x)+C$ ……(*)（C：積分定数）で表されることを示せ。

ヒント! 今回も $I=\int(e^x)'\cdot\sin x\,dx$ として，部分積分にもち込む問題なんだね。2回部分積分して，自分自身の I を導き出すことがポイントだよ。

解答＆解説

$I=\int e^x\cdot\sin x\,dx$ ……① について，これを変形すると，

$I=\int(e^x)'\cdot\sin x\,dx=e^x\cdot\sin x-\int e^x\cdot\underbrace{(\sin x)'}_{\cos x}dx$ ← 部分積分 $\int f'\cdot g\,dx=f\cdot g-\int f\cdot g'\,dx$

$=e^x\cdot\sin x-\int(e^x)'\cdot\cos x\,dx$ ← ここで，もう1度 $e^x=(e^x)'$ とおいて，部分積分にもち込む。

$\left\{e^x\cdot\cos x-\int e^x\cdot\underbrace{(\cos x)'}_{-\sin x}dx\right\}$

$=e^x\cdot\sin x-\left(e^x\cos x+\underbrace{\int e^x\sin x\,dx}_{I\text{が導き出せた!}}\right)$

$=e^x(\sin x-\cos x)-I$ となる。よって，

$I=e^x(\sin x-\cos x)-I$ より，$2I=e^x(\sin x-\cos x)$

$\therefore I=\int e^x\sin x\,dx=\dfrac{1}{2}e^x(\sin x-\cos x)+C$ …(*)（C：定数）が導ける。…(終)

（I は不定積分なので最後に C（積分定数）を加えておく。）

参考

この I の公式 (*) は，$I=\int e^x\cdot(-\cos x)'\,dx$ として，2回部分積分を行うことによっても導ける。ただし，e^x を $(e^x)'$ として部分積分したとき，2回目の部分積分でも e^x を $(e^x)'$ としたように，三角関数の $\sin x$ を $(-\cos x)'$ として部分積分した後，2回目の部分積分でも三角関数の方を積分して "'"（ダッシュ）をつけて行うことがポイントだ。では，これもやってみよう。

$$I = \int e^x \cdot \sin x\, dx = \underline{\int e^x \cdot (-\cos x)'\, dx}$$

（1回目の部分積分）

$$= \underline{-e^x \cdot \cos x + \int e^x \cdot \cos x\, dx}$$

$$= -e^x \cdot \cos x + \int e^x \cdot \underwave{(\sin x)'\, dx}$$

（2回目の部分積分）

$$e^x \cdot \sin x - \int e^x \sin x\, dx$$

$$= -e^x \cdot \cos x + e^x \cdot \sin x - \underline{\int e^x \cdot \sin x\, dx} \quad \text{となるので,}$$

（I が導けた！）

$$I = e^x(\sin x - \cos x) - I \quad \text{より,}$$

$$I = \frac{1}{2} e^x(\sin x - \cos x) + C \ \cdots\cdots (*) \ \text{が導ける。}$$

ここで，さらに，もう1つ，$J = \int e^x \cos x\, dx$ の公式も同様に導いておこう。

$$J = \int (e^x)' \cos x\, dx = e^x \cos x - \int e^x \cdot (-\sin x)\, dx$$

$$= e^x \cos x + \int (e^x)' \sin x\, dx$$

$$= e^x \cos x + e^x \sin x - \underline{\int e^x \cos x\, dx} \quad \text{となる。よって,}$$

（J）

$$J = e^x(\sin x + \cos x) - J \quad \text{より, 公式：}$$

$$J = \int e^x \cos x\, dx = \frac{1}{2} e^x(\cos x + \sin x) + C \ \cdots\cdots (*)' \ (C：積分定数)$$

も導けたんだね。これも大丈夫？

置換積分

| 絶対暗記問題 45 | 難易度 ★★ | CHECK1 | CHECK2 | CHECK3 |

次の定積分を求めよ。

$(1)\displaystyle\int_0^{\frac{\pi}{2}}(\sin^3x+2\sin x)\cos x\,dx$ ……①

$(2)\displaystyle\int_{\frac{\pi}{3}}^{\frac{\pi}{2}}\frac{1}{\sin x}dx$ ……②

$(3)\displaystyle\int_0^{\frac{\pi}{4}}\frac{\tan x\sqrt{1-\tan^2x}}{\cos^2x}dx$ …………③

ヒント！ すべて置換積分の問題だね。(1)では，$f(\sin x)\cdot\cos x$ の積分なので，$\sin x=t$ とおき，(2)は，$f(\cos x)\cdot\sin x$ の積分になるので，$\cos x=t$ とおけばいい。そして，(3)は，$f(\tan x)\cdot\dfrac{1}{\cos^2x}$ の積分になるので，$\tan x=t$ とおくとうまくいくはずだね。頑張ろう！

解答&解説

$(1)\displaystyle\int_0^{\frac{\pi}{2}}(\sin^3x+2\sin x)\cdot\cos x\,dx$ ……① より，　$\boxed{\displaystyle\int f(\sin x)\cdot\cos x\,dx\text{ の形}\\ \text{より，}\sin x=t\text{ とおく}}$

$\sin x=t$ とおくと，$x:0\to\dfrac{\pi}{2}$ のとき，$t:0\to1$ であり，また，

$\cos x\,dx=dt$ となる。よって，①を計算すると，

$\displaystyle\int_0^{\frac{\pi}{2}}\underbrace{(\sin^3x+2\sin x)}_{t^3+2t}\cdot\underbrace{\cos x\,dx}_{dt}=\int_0^1(t^3+2t)dt$

$=\left[\dfrac{1}{4}t^4+t^2\right]_0^1=\dfrac{1}{4}+1-(0+0)=\dfrac{5}{4}$ である。 ………………(答)

$(2)\displaystyle\int_{\frac{\pi}{3}}^{\frac{\pi}{2}}\frac{1}{\sin x}dx=\int_{\frac{\pi}{3}}^{\frac{\pi}{2}}\frac{1}{1-\cos^2x}\cdot\sin x\,dx$ ……② より，　$\boxed{\displaystyle\int f(\cos x)\cdot\sin x\,dx\text{ の形}\\ \text{より，}\cos x=t\text{ とおこう}}$

$\boxed{\dfrac{\sin x}{\sin^2x}\xleftarrow{\substack{\text{分子・分母に}\\\sin x\text{をかけた}}}=\dfrac{1}{1-\cos^2x}\cdot\sin x}$

$\cos x=t$ とおくと，$x:\dfrac{\pi}{3}\to\dfrac{\pi}{2}$ のとき，$t:\underset{\cos\frac{\pi}{3}}{\dfrac{1}{2}}\to\underset{\cos\frac{\pi}{2}}{0}$ であり，また，

$-\sin x\,dx=dt$ となる。よって，②を計算すると，

$$\int_{\frac{\pi}{3}}^{\frac{\pi}{2}} \frac{1}{\sin x}\,dx = \int_{\frac{\pi}{3}}^{\frac{\pi}{2}} \underbrace{\frac{1}{1-\cos^2 x}}_{\boxed{\frac{1}{1-t^2}}} \cdot \underbrace{\sin x\,dx}_{\boxed{(-dt)}}$$

$$2\text{つの}\frac{f'}{f}\text{の積分}$$

$$= -\int_{\frac{1}{2}}^{0} \underbrace{\frac{1}{1-t^2}}\,dt = \frac{1}{2}\int_{0}^{\frac{1}{2}}\Big(\frac{1}{1+t} - \frac{-1}{1-t}\Big)dt$$

$$\boxed{\frac{1}{(1-t)(1+t)} = \frac{1}{2}\Big(\frac{1}{1+t} + \frac{1}{1-t}\Big)}\ (\text{部分分数に分解})$$

$$= \frac{1}{2}\Big[\log(1+t) - \log(1-t)\Big]_{0}^{\frac{1}{2}} = \frac{1}{2}\Big\{\log\frac{3}{2} - \log\frac{1}{2} - (\underbrace{\log 1}_{0} - \underbrace{\log 1}_{0})\Big\}$$

$$= \frac{1}{2}\log\frac{\frac{3}{2}}{\frac{1}{2}} = \frac{1}{2}\log 3 \ \text{である。} \cdots\cdots\cdots\cdots\cdots\cdots\cdots\cdots(\text{答})$$

(3) $\displaystyle\int_{0}^{\frac{\pi}{4}} \tan x \cdot \sqrt{1-\tan^2 x} \cdot \frac{1}{\cos^2 x}\,dx$ ……③ より，

$\boxed{\displaystyle\int f(\tan x)\frac{1}{\cos^2 x}dx\text{ の形} \\ \text{より，}\tan x = t\text{ とおく}}$

$\tan x = t$ とおくと，$x : 0 \to \dfrac{\pi}{4}$ のとき，

$t : 0 \to 1$ であり，また，$\dfrac{1}{\cos^2 x}dx = dt$ となる。よって，③を計算すると，

$$\int_{0}^{\frac{\pi}{4}} \underbrace{\tan x \cdot \sqrt{1-\tan^2 x}}_{\boxed{t\sqrt{1-t^2}}} \cdot \underbrace{\frac{1}{\cos^2 x}\,dx}_{\boxed{dt}} = \int_{0}^{1} t\sqrt{1-t^2}\,dt$$

$\boxed{\begin{aligned}&\big\{(1-t^2)^{\frac{3}{2}}\big\}' \\ &= \frac{3}{2}(1-t^2)^{\frac{1}{2}}\cdot(-2t) \\ &= -3t\sqrt{1-t^2}\text{ より，} \\ &\int t\sqrt{1-t^2}\,dt = -\frac{1}{3}(1-t^2)^{\frac{3}{2}}+C\end{aligned}}$

$$= -\frac{1}{3}\Big[(1-t^2)^{\frac{3}{2}}\Big]_{0}^{1} = -\frac{1}{3}\Big(0 - 1^{\frac{3}{2}}\Big)$$

$$= \frac{1}{3} \ \text{である。} \cdots\cdots\cdots\cdots\cdots\cdots\cdots\cdots\cdots\cdots\cdots(\text{答})$$

置換積分の計算

定積分 $\int_0^1 \dfrac{1}{\sqrt{4-x^2}}\,dx$ の値を求めよ。

ヒント! これは，置換積分の問題で，$\int \dfrac{1}{\sqrt{a^2-x^2}}\,dx$ の形の積分だから，$a=2$ より，$x=2\sin\theta$ と置換して，積分すればいいんだね。3 つのステップで解ける！

解答＆解説

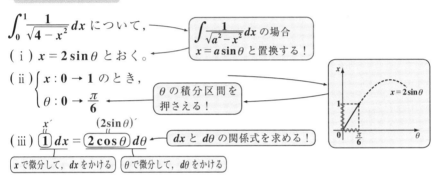

$\int_0^1 \dfrac{1}{\sqrt{4-x^2}}\,dx$ について，

$\int \dfrac{1}{\sqrt{a^2-x^2}}\,dx$ の場合 $x=a\sin\theta$ と置換する！

(i) $x=2\sin\theta$ とおく。

(ii) $\begin{cases} x:0\to 1 \text{ のとき,} \\ \theta:0\to \dfrac{\pi}{6} \end{cases}$

θ の積分区間を押さえる！

$x=2\sin\theta$

(iii) $\overset{x'}{\underset{\text{}}{\boxed{1}}}\,dx = \overset{(2\sin\theta)'}{\underset{\text{}}{\boxed{2\cos\theta}}}\,d\theta$ ← dx と $d\theta$ の関係式を求める！

x で微分して，dx をかける　　θ で微分して，$d\theta$ をかける

以上より，

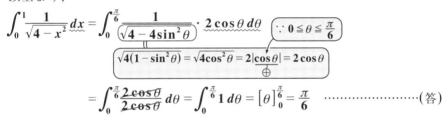

$$\int_0^1 \dfrac{1}{\sqrt{4-x^2}}\,dx = \int_0^{\frac{\pi}{6}} \dfrac{1}{\sqrt{4-4\sin^2\theta}} \cdot 2\cos\theta\,d\theta \qquad (\because\ 0\leqq\theta\leqq\tfrac{\pi}{6})$$

$$\sqrt{4(1-\sin^2\theta)}=\sqrt{4\cos^2\theta}=2|\cos\theta|=2\cos\theta$$

$$= \int_0^{\frac{\pi}{6}} \dfrac{2\cos\theta}{2\cos\theta}\,d\theta = \int_0^{\frac{\pi}{6}} 1\,d\theta = \Big[\theta\Big]_0^{\frac{\pi}{6}} = \dfrac{\pi}{6} \quad\cdots\cdots\cdots\cdots\cdots\text{(答)}$$

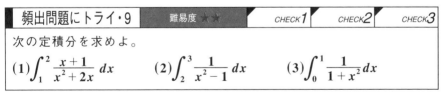

次の定積分を求めよ。

(1) $\int_1^2 \dfrac{x+1}{x^2+2x}\,dx$　　(2) $\int_2^3 \dfrac{1}{x^2-1}\,dx$　　(3) $\int_0^1 \dfrac{1}{1+x^2}\,dx$

解答は **P173**

§2. 定積分を，区分求積法や関数の決定に利用しよう！

これまで，定積分の計算練習をシッカリやったから，いよいよこれらを応用することにしよう。定積分は，"定積分で表された関数"，や"区分求積法"，それに"絶対値の入った2変数関数の積分"などに応用できるんだよ。また，分かりやすく解説するから，安心してついてらっしゃい。

● 2種類の定積分で表された関数をマスターしよう！

定積分で表された関数には，次の2通りがあるんだね。

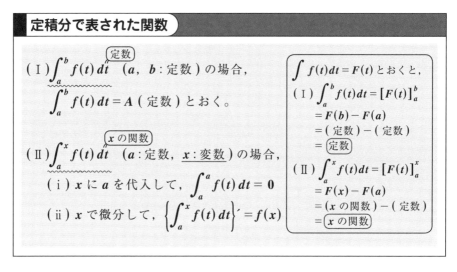

（Ⅰ）の定積分は定数 A とおけることは大丈夫だね。これに対して，

（Ⅱ）の定積分は，x の関数になる。ここで，$\int f(t)\,dt = F(t)$ とおくと，

$F'(t) = f(t)$ となる。この文字変数は t でも x でも何でも構わないので，$F'(x) = f(x)$ も成り立つことに注意しよう。すると，

（Ⅱ）−（ⅰ）$\int_a^a f(t)dt = \left[F(t)\right]_a^a = F(a) - F(a) = 0$ となるし，

（Ⅱ）−（ⅱ）$\left\{\int_a^x f(t)\,dt\right\}' = \left\{\left[F(t)\right]_a^x\right\}' = \left\{F(x) - \underset{\text{定数}}{F(a)}\right\}' = F'(x) = f(x)$

となることも理解できるだろう？

◆例題 17 ◆

関数 $f(x) = 3\sqrt{x} + 2\int_0^1 f(t)\,dt$ ……① を求めよ。

解答

この定積分 $\int_0^1 \underset{\text{定数}}{\overset{\text{定数}}{f(t)}}dt$ は，定数 A とおけるので

$A = \int_0^1 \underline{f(t)}\,dt$ ……② とおくと，①は，

$f(x) = 3\sqrt{x} + 2A$ ……①′

> 後は，A の値さえ求まれば，関数 $f(x)$ は決まる。

よって，$f(t) = 3t^{\frac{1}{2}} + 2A$ ……①″

> ①″を②に代入して，積分すれば A の方程式が出来る！

①″を②に代入して，

$$A = \int_0^1 \left(3t^{\frac{1}{2}} + 2A\right)dt = \left[\cancel{3} \cdot \frac{2}{\cancel{3}}t^{\frac{3}{2}} + 2At\right]_0^1 = 2 + 2A$$

$\therefore A = 2 + 2A$ より，$A = \underline{-2}$ ……③

③を①′に代入して，$f(x) = 3\sqrt{x} + 2 \cdot (\underline{-2}) = 3\sqrt{x} - 4$ ………………(答)

> $f(x)$ が決定できた！

◆例題 18 ◆

関数 $f(x)$ は，$\int_a^x f(t)\,dt = 2x\sin x - x$ ……④をみたす。このとき，定数 a の値と関数 $f(x)$ を求めよ。(ただし，$0 < a < 2\pi$ とする。)

解答

この定積分 $\int_a^x \underset{\text{定数}}{f(t)}dt$ は，x の関数となるので，やるべきことは

(i)④の両辺の x に a を代入して，a の値を求めることと，(ii)④の両辺を x で微分することなんだね。

（ⅰ）$\int_a^x f(t)dt = 2x \sin x - x$ ……④ の両辺の x に a を代入して，

$\underbrace{\int_a^a f(t)dt}_{0} = 2a \sin a - a$ より $a(2\sin a - 1) = 0$

ここで，$a > 0$ より，両辺を a で割って，

$2\sin a - 1 = 0 \qquad \sin a = \dfrac{1}{2}$

$0 < a < 2\pi$ より，$\therefore a = \dfrac{\pi}{6},\ \dfrac{5}{6}\pi$ ………(答)

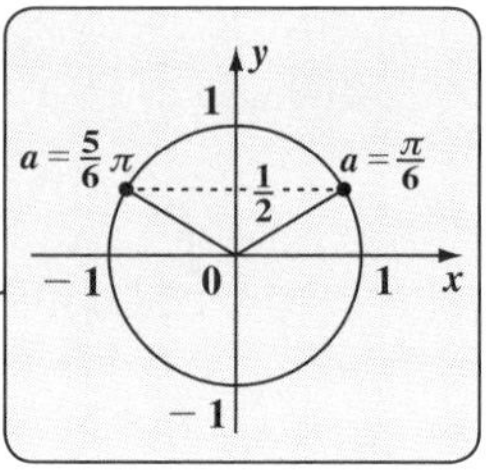

（ⅱ）④の両辺を x で微分すると，

$\underbrace{\left\{\int_a^x f(t)dt\right\}'}_{f(x)} = (2x \sin x - x)'$ より

$f(x) = 2x' \cdot \sin x + 2x(\sin x)' - x' = 2\sin x + 2x \cos x - 1$ ……(答)

● 区分求積法は，そば打ち名人だ！

次，**区分求積法**を解説しよう。これも，$\lim$ や $\sum$ や $\int$ といった記号が全部出てくるから，また，「大変だ!!」になるかも知れないね。でも，大丈夫！ 図形的に考えれば，すぐわかるはずだ。

区分求積法の公式

$$\lim_{n \to \infty} \frac{1}{n} \sum_{k=1}^{n} f\left(\frac{k}{n}\right) = \int_0^1 f(x)\,dx$$

意味がわかれば，この公式も当たり前に見えてくるよ！

　図 **1** に示すように，区間 $0 \leqq x \leqq 1$ の範囲で，$y = f(x)$ と x 軸とではさまれる部分を，そば打ち職人が，トントン…とそばを切るように，n 等分に分けたとするよ。そして，その右肩の y 座標が $y = f(x)$ の y 座標と一致するように，n 個の長方形を作るんだ。

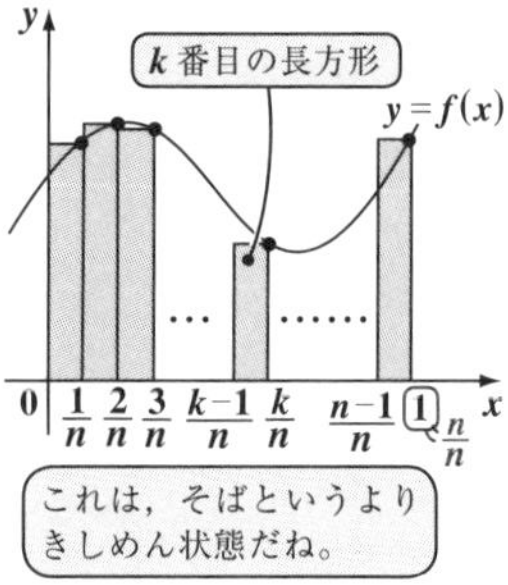

　このうち，k 番目の長方形の面積を S_k と

図 **1** n 個の区間に分けた長方形

おくと，図 2 に示すように，横が $\frac{1}{n}$，た

てが $f\left(\frac{k}{n}\right)$ の長方形より，この面積 S_k は，

$S_k = \frac{1}{n} \times f\left(\frac{k}{n}\right)$ $(k = 1, 2, \cdots, n)$ となる。

　ここで，この長方形群の面積 S_1, S_2, $\cdots$, S_n の総和をとると，

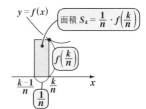

図 2 k 番目の長方形の面積 S_k

$$\sum_{k=1}^{n} S_k = \sum_{k=1}^{n} \frac{1}{n} \cdot f\left(\frac{k}{n}\right) = \frac{1}{n} \sum_{k=1}^{n} f\left(\frac{k}{n}\right) \quad \left[\begin{array}{c} \text{きしめん状態} \end{array}\right]$$

$\boxed{k = 1, 2, \cdots, n \text{ と動くので，この時点で } n \text{ は定数扱い！}}$

ここで，そば打ち職人が名人になって，$n \to \infty$ と細いそばを打つと，長方形の頭のギザギザが気にならなくなって，$0 \leq x \leq 1$ の区間で $y = f(x)$ と x 軸とではさまれる図形の面積になってしまうんだね。

$\therefore \displaystyle\lim_{n \to \infty} \frac{1}{n} \sum_{k=1}^{n} f\left(\frac{k}{n}\right) = \int_0^1 f(x)\,dx$ 　の区分求積法の公式が導けるんだ。

$\left[\begin{array}{ccc} & = & \end{array}\right]$ $\boxed{\text{細～いそば状態になった！}}$

◆例題 19◆

極限 $\displaystyle\lim_{n \to \infty} \frac{1}{n}\left(\cos \frac{1}{n} + \cos \frac{2}{n} + \cdots + \cos \frac{n}{n}\right)$ を求めよ。

解答

求める極限は，

$$\lim_{n \to \infty} \frac{1}{n}\left(\cos \frac{1}{n} + \cos \frac{2}{n} + \cdots + \cos \frac{n}{n}\right)$$

$$= \lim_{n \to \infty} \frac{1}{n} \sum_{k=1}^{n} \underbrace{\cos \frac{k}{n}}_{f\left(\frac{k}{n}\right)} \quad \boxed{\text{区分求積法：} \lim_{n \to \infty} \frac{1}{n} \sum_{k=1}^{n} f\left(\frac{k}{n}\right) = \int_0^1 f(x)\,dx \text{ を使った！}}$$

$$= \int_0^1 \underbrace{\cos x}_{f(x)}\,dx = \left[\sin x\right]_0^1 = \sin \overset{57°}{\textcircled{1}} \quad \cdots\cdots\cdots\cdots\cdots\cdots\text{（答）}$$

$\boxed{60° = \dfrac{\pi}{3} \fallingdotseq \dfrac{3.14}{3} \fallingdotseq 1.05 \text{ より，1 ラジアン} \fallingdotseq 57° \text{だね。}}$

● 定積分と不等式の関係も押さえよう！

区間 $[a, b]$ で定義された 2 つの関数

$a \leqq x \leqq b$ のこと

$f(x)$ と $g(x)$ について，図 3 のように
$f(x) \geqq g(x)$ ならば

$\displaystyle\int_a^b f(x)dx > \int_a^b g(x)dx$ となる。

$$\left[\quad > \quad \right]$$

これは，それぞれの面積で考えれば
一目瞭然だね。

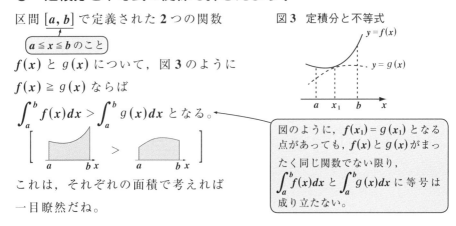

図 3　定積分と不等式

図のように，$f(x_1) = g(x_1)$ となる
点があっても，$f(x)$ と $g(x)$ がまっ
たく同じ関数でない限り，
$\displaystyle\int_a^b f(x)dx$ と $\displaystyle\int_a^b g(x)dx$ に等号は
成り立たない。

(ex)　$0 \leqq x \leqq 1$ において，$\dfrac{1}{1+x^2} \leqq \dfrac{1}{1+x^3}$ より $\dfrac{\pi}{4} < \displaystyle\int_0^1 \dfrac{1}{1+x^3}\,dx$ が成り立

つことを示そう。

$0 \leqq x \leqq 1$ のとき　$x^2 \geqq x^3$ より　$1+x^2 \geqq 1+x^3$　$\therefore \dfrac{1}{1+x^2} \leqq \dfrac{1}{1+x^3}$

各辺に，$x^2 \geqq 0$ をかけ
て $0 \leqq x^3 \leqq x^2$ だからね。

$x = 0$ のとき，等号が成り立つ。

よって，$\displaystyle\int_0^1 \dfrac{1}{1+x^2}\,dx < \int_0^1 \dfrac{1}{1+x^3}\,dx$

$x = \tan\theta$ とおいて積分すると，$\dfrac{\pi}{4}$ となる。

$\therefore \dfrac{\pi}{4} < \displaystyle\int_0^1 \dfrac{1}{1+x^3}\,dx$ は成り立つ。

$\cdots\cdots\cdots\cdots\cdots\cdots$ (終)

左辺の積分は，$x = \tan\theta$ とおくと，
$x : 0 \to 1$ のとき，$\theta : 0 \to \dfrac{\pi}{4}$
$dx = \dfrac{1}{\cos^2\theta}\,d\theta$ より，
$\displaystyle\int_0^1 \dfrac{1}{1+x^2}\,dx = \int_0^{\frac{\pi}{4}} \dfrac{1}{1+\tan^2\theta} \cdot \dfrac{1}{\cos^2\theta}\,d\theta$
$= \displaystyle\int_0^{\frac{\pi}{4}} 1 \cdot d\theta = \left[\theta\right]_0^{\frac{\pi}{4}} = \dfrac{\pi}{4}$

● 絶対値の入った 2 変数関数の積分にも慣れよう！

まず，絶対値の入った関数の積分を練習してみるよ。例として，
$\displaystyle\int_0^{2\pi} |\sin x|\,dx$ を求めてみよう。積分区間 $0 \leqq x \leqq 2\pi$ より，

$\begin{cases} (\text{i})\ 0 \leqq x \leqq \pi \text{ のとき，} \sin x \geqq 0 \\ (\text{ii})\ \pi \leqq x \leqq 2\pi \text{ のとき，} \sin x \leqq 0 \end{cases}$

よって，$\displaystyle\int_0^{2\pi}|\sin x|\,dx = \int_0^{\pi}\underline{\sin x}\,dx + \int_{\pi}^{2\pi}(-\underline{\sin x})\,dx$

$\boxed{0\text{以上}}$ $\boxed{0\text{以下}}$

$= -\Big[\cos x\Big]_0^{\pi} + \Big[\cos x\Big]_{\pi}^{2\pi} = -(\underset{-1}{(\boxed{\cos\pi}} - \underset{1}{\boxed{\cos 0}})) + (\underset{1}{(\boxed{\cos 2\pi}} - \underset{-1}{\boxed{\cos\pi}}))$

$= -(-1-1) + (1+1) = 4$　となって，答えだ。

　それでは，次，**2** 変数関数の積分に入ろう。次の **2** つの積分

(i)$\displaystyle\int(\sqrt{t}-x)\,\underline{dt}$ と (ii)$\displaystyle\int(\sqrt{t}-x)\,\underline{dx}$ の区別はつく？　エッ，同じだって？

これって，全然違うんだよ。(i) の積分の最後は $\underline{dt}$ で終わってるけれど，

(ii) の最後は $\underline{dx}$ で終わってるでしょう。

つまり，(i) は「t で積分しろ」，(ii) は「x で積分しろ」って，言っているんだね。

それでは，(i)，(ii) を具体的に積分して見せるよ。

(i)$\displaystyle\int\Big(t^{\frac{1}{2}}-x\Big)\,dt = \frac{2}{3}t^{\frac{3}{2}} - x\cdot t + C_1$

$\boxed{\text{変数}}$ $\boxed{\text{定数扱い}}$ $\boxed{t\text{で積分}}$

$\boxed{\mathbf{1}\text{なら}\mathbf{1}\text{と思いなさい}}$

(ii)$\displaystyle\int(\sqrt{t}-x)\,dx = \sqrt{t}\cdot x - \frac{1}{2}x^2 + C_2$

$\boxed{\text{定数扱い}}$ $\boxed{\text{変数}}$ $\boxed{x\text{で積分}}$

$\boxed{\sqrt{2}\text{なら}\sqrt{2}\text{と思いなさい}}$

　どう？　この違い，納得できた？　積分では，ある変数で積分するとき，それ以外の変数は，すべて定数とみなして，積分するんだよ。

それでは，$\displaystyle\int_0^4\big|\sqrt{t}-x\big|\,dt$ が与えられたとすると，t で積分するから，まず，

$\boxed{\text{変数}}$ $\boxed{\text{定数扱い}}$ $\boxed{t\text{で積分}}$

t が変数で，x は定数扱いになるんだね。さらに，絶対値が入っているから，絶対値記号内の符号にも注意しないといけないね。

　これはかなりレベルの高い問題だけれど，受験では最頻出問題だから，絶対暗記問題 **57** で詳しく解説するつもりだ。

定積分で表された関数の決定（Ⅰ）

次の関数 $f(x)$ を求めよ。

$$f(x) = \sin^2 x + 2\int_0^{\frac{\pi}{2}} f(t) \cdot \cos t\, dt$$

ヒント！ 与えられた定積分 $\int_0^{\frac{\pi}{2}} f(t) \cos t\, dt = A(\text{定数})$ とおくと，$f(x) = \sin^2 x$ $+ 2A$ となる。後は，この A の値を求めればいいんだね。置換積分もポイントになるよ。頑張って解いてくれ。

解答&解説

$f(x) = \sin^2 x + 2\int_0^{\frac{\pi}{2}} f(t) \cos t\, dt$ ……①　ここで，

$A = \int_0^{\frac{\pi}{2}} f(t) \cos t\, dt$ ……②　とおくと，①は

$f(x) = \sin^2 x + 2A$ ……③

③より，$f(t) = \underline{\sin^2 t + 2A}$ ……③´　③´を②に代入して，

$$A = \int_0^{\frac{\pi}{2}} \overset{g(\sin t)}{(\underline{\sin^2 t + 2A})} \cos t\, dt \quad ……④$$

> この定積分は，$\int g(\sin t) \cdot \cos t\, dt$ の形をしているから，$\sin t = u$ と置換すると，うまくいく！

ここで，（ⅰ）$\sin t = u$ とおく。

（ⅱ）$t : 0 \to \frac{\pi}{2}$ のとき，$u : 0 \to 1$

> 置換積分の **3** つのステップだ！

（ⅲ）$\underset{(\sin t)'}{\boxed{\cos t}}\, dt = \underset{u'}{\boxed{1}}\, du$

以上より，④は

$$A = \int_0^1 (u^2 + 2A)\, du = \left[\frac{1}{3}u^3 + 2Au\right]_0^1 = \frac{1}{3} + 2A$$

$$\therefore A = \frac{1}{3} + 2A \text{ より，} A = -\frac{1}{3} \quad ……⑤$$

⑤を③に代入して，求める関数 $f(x)$ は

$$f(x) = \sin^2 x + 2 \cdot \left(-\frac{1}{3}\right) \quad \therefore f(x) = \sin^2 x - \frac{2}{3} \quad\quad\quad\quad\quad (答)$$

定積分で表された関数の決定 (Ⅱ)

次の関数 $f(x)$ を求めよ。

$$f(x) = x + \frac{1}{\pi}\int_0^\pi f(t) \cdot \sin^2 t\, dt \quad \cdots\cdots ①$$

（香川大 *）

ヒント！ ①の右辺の第 2 項は定数なので，$\dfrac{1}{\pi}\displaystyle\int_0^\pi f(t)\sin^2 t\, dt = A\,(\text{定数}) \cdots\cdots ②$ とおくと，①より $f(x) = x + A$ となる。よって，$f(t) = t + A$ として，②に代入して，A の値を求めよう。

解答 & 解説

$f(x) = x + \dfrac{1}{\pi}\displaystyle\int_0^\pi f(t) \cdot \sin^2 t\, dt \cdots\cdots ①$ について，

$A = \dfrac{1}{\pi}\displaystyle\int_0^\pi f(t) \cdot \sin^2 t\, dt \cdots\cdots ②$ とおくと，①は，

$f(x) = x + A \cdots\cdots ③$ となる。 ← つまり，$f(x)$ は x の 1 次関数だね

③より，$f(t) = t + A \cdots\cdots ③'$ として，③'を②に代入して変形すると，

$$A = \frac{1}{\pi}\int_0^\pi (t+A) \cdot \sin^2 t\, dt = \frac{1}{2\pi}\int_0^\pi (t+A)(1-\cos 2t)\, dt$$

$$\frac{1-\cos 2t}{2} \,(\text{半角の公式})$$

部分積分
$$\int_0^\pi f \cdot g'\, dx = \Big[f \cdot g\Big]_0^\pi - \int_0^\pi f' \cdot g\, dx$$

$$= \frac{1}{2\pi}\int_0^\pi (t+A)\Big(t - \frac{1}{2}\sin 2t\Big)'\, dt$$

$$\Big[(t+A)\Big(t - \frac{1}{2}\sin 2t\Big)\Big]_0^\pi - \int_0^\pi 1 \cdot \Big(t - \frac{1}{2}\sin 2t\Big)\, dt$$

$$(\pi+A)\cdot(\pi-0) - (0+A)\cdot 0 \qquad \Big[\frac{1}{2}t^2 + \frac{1}{4}\cos 2t\Big]_0^\pi = \frac{\pi^2}{2} + \frac{1}{4} - \Big(0 + \frac{1}{4}\cdot 1\Big) = \frac{\pi^2}{2}$$
$$= \pi(\pi+A) = \pi^2 + \pi A$$

$$= \frac{1}{2\pi}\Big(\pi^2 + \pi A - \frac{\pi^2}{2}\Big) = \frac{1}{2\pi}\Big(\frac{\pi^2}{2} + \pi A\Big) = \frac{\pi}{4} + \frac{1}{2}A$$

$\therefore A = \dfrac{\pi}{4} + \dfrac{1}{2}A$ より，$\dfrac{1}{2}A = \dfrac{\pi}{4}$　$A = \dfrac{\pi}{2}$　これを③に代入して，

$f(x) = x + \dfrac{\pi}{2}$ である。 $\cdots\cdots\cdots\cdots\cdots\cdots\cdots\cdots\cdots\cdots\cdots\cdots\cdots\cdots\cdots$ (答)

定積分で表された関数

関数 $f(x) = \int_0^x (\cos t + \cos 2t)\, dt$ $(0 \leq x \leq 2\pi)$ について，この極大値と，そのときの x の値を求めよ。 　　　　　(金沢工大＊)

ヒント！ この定積分は，x の関数なので，そのまま微分すれば $f'(x)$ が求まる。

解答＆解説

$f(x) = \int_0^x (\cos t + \cos 2t)\, dt$ ……①

$(0 \leq x \leq 2\pi)$ の両辺を x で微分して

$f'(x) = \left\{\int_0^x (\cos t + \cos 2t)\, dt\right\}'$

$\left\{\int_a^x g(t)dt\right\}' = g(x)$ だからね。

$\underline{\cos x + \cos 2x}$

$= \cos x + \underline{\cos 2x} = 2\cos^2 x + \cos x - 1 = (2\cos x - 1)(\underline{\cos x + 1})$

$\boxed{2\cos^2 x - 1 \,(2倍角の公式)}$ 　　　　$\boxed{x = \pi \text{ 以外は，常に} \oplus}$

$f'(x) = 0$ のとき，$\cos x = \dfrac{1}{2},\ -1$ より，$x = \dfrac{\pi}{3},\ \pi,\ \dfrac{5}{3}\pi$

$f(x)$ の増減表は右のようになる。よって，$x = \dfrac{\pi}{3}$ のとき $f(x)$ は極大値をとる。

増減表 $(0 \leq x \leq 2\pi)$

x	0		$\dfrac{\pi}{3}$		π		$\dfrac{5}{3}\pi$		2π
$f'(x)$		$+$	0	$-$	0	$-$	0	$+$	
$f(x)$		↗	極大	↘		↘	極小	↗	

$f\left(\dfrac{\pi}{3}\right) = \int_0^{\frac{\pi}{3}} (\cos t + \cos 2t)\, dt$

$= \left[\sin t + \dfrac{1}{2}\sin 2t\right]_0^{\frac{\pi}{3}}$

$= \underline{\sin \dfrac{\pi}{3}} + \dfrac{1}{2}\underline{\sin \dfrac{2}{3}\pi}$

$\ \ \underset{\frac{\sqrt{3}}{2}}{\big\|}\ \ \ \ \ \underset{\frac{\sqrt{3}}{2}}{\big\|}$

$= \dfrac{\sqrt{3}}{2} + \dfrac{\sqrt{3}}{4} = \dfrac{3\sqrt{3}}{4}$

たとえば，$0 < x < \dfrac{\pi}{3}$ のとき，$x = \dfrac{\pi}{6}$ を $f'(x)$ に代入して，$f'\left(\dfrac{\pi}{6}\right) = \left(2 \cdot \dfrac{\sqrt{3}}{2} - 1\right)\left(\dfrac{\sqrt{3}}{2} + 1\right) > 0$ が分かる。

∴ $x = \dfrac{\pi}{3}$ のとき，$f(x)$ は極大値 $f\left(\dfrac{\pi}{3}\right) = \dfrac{3\sqrt{3}}{4}$ をとる。 …………………(答)

区分求積法による極限（Ⅰ）

絶対暗記問題 50　　難易度 ★★　　CHECK1　　CHECK2　　CHECK3

次の極限を定積分で表し，その値を求めよ。

(1) $I = \lim\limits_{n \to \infty} \dfrac{1}{n^2} \sum\limits_{k=1}^{n} k \cdot \cos \dfrac{k}{n}$

(2) $J = \lim\limits_{n \to \infty} \dfrac{1}{n} \left(\sqrt{1 - \dfrac{1^2}{n^2}} + \sqrt{1 - \dfrac{2^2}{n^2}} + \cdots + \sqrt{1 - \dfrac{n^2}{n^2}} \right)$ 　　（福岡大）

ヒント！　(1)(2) 共に，区分求積法の問題だ。区分求積法の公式：

$\lim\limits_{n \to \infty} \dfrac{1}{n} \sum\limits_{k=1}^{n} f\left(\dfrac{k}{n}\right) = \displaystyle\int_0^1 f(x)\,dx$ が使える！

解答＆解説

(1) $I = \lim\limits_{n \to \infty} \dfrac{1}{n} \sum\limits_{k=1}^{n} \overbrace{\boxed{\dfrac{k}{n} \cos \dfrac{k}{n}}}^{f\left(\frac{k}{n}\right)} = \displaystyle\int_0^1 \overbrace{\boxed{x \cdot \cos x}}^{f(x)}\,dx$ ← 区分求積法の公式通りだ！

$\quad = \displaystyle\int_0^1 x \cdot (\sin x)'\,dx$ ← 部分積分法の公式：$\displaystyle\int_0^1 f \cdot g'\,dx = \left[f \cdot g\right]_0^1 - \displaystyle\int_0^1 f' \cdot g\,dx$ を使った！

$\quad = \left[x \cdot \sin x\right]_0^1 - \displaystyle\int_0^1 \overset{x'}{\boxed{1}} \cdot \sin x\,dx$ ← 簡単になった！

$\quad = 1 \cdot \sin \overset{57°}{\boxed{1}} - 0 \cdot \sin 0 + \left[\cos x\right]_0^1$

$\quad = \sin 1 + \cos 1 - 1$ ……………………………………（答）

(2) $J = \lim\limits_{n \to \infty} \dfrac{1}{n} \left\{ \sqrt{1 - \left(\dfrac{1}{n}\right)^2} + \sqrt{1 - \left(\dfrac{2}{n}\right)^2} + \cdots + \sqrt{1 - \left(\dfrac{n}{n}\right)^2} \right\}$

$\quad = \lim\limits_{n \to \infty} \dfrac{1}{n} \sum\limits_{k=1}^{n} \overbrace{\boxed{\sqrt{1 - \left(\dfrac{k}{n}\right)^2}}}^{f\left(\frac{k}{n}\right)}$

半円の公式
円：$x^2 + y^2 = r^2$ より
$y^2 = r^2 - x^2$
$y = \pm\sqrt{r^2 - x^2}$

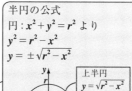

上半円
$y = \sqrt{r^2 - x^2}$

下半円
$y = -\sqrt{r^2 - x^2}$

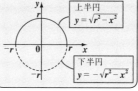

$\quad = \displaystyle\int_0^1 \overbrace{\boxed{\sqrt{1 - x^2}}}^{f(x)}\,dx$ ← 半径 1 の上半円の式

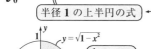

$y = \sqrt{1 - x^2}$　$\dfrac{1}{4}$ 円の面積

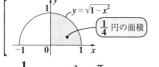

$\quad = \dfrac{1}{4} \cdot \pi \cdot 1^2 = \dfrac{\pi}{4}$ ……………………………………（答）

講義 1 関数の極限

講義 2 微分法とその応用

講義 3 積分法とその応用

137

区分求積法による極限（Ⅱ）

次の極限を定積分で表し，その値を求めよ。

(1) $K = \lim\limits_{n \to \infty} \dfrac{1}{n^3} \sum\limits_{k=1}^{n} k \sqrt{n^2 + k^2}$

(2) $L = \lim\limits_{n \to \infty} \dfrac{1}{n} \log\left\{\left(1 + \dfrac{1}{n}\right) \cdot \left(1 + \dfrac{2}{n}\right) \cdot \left(1 + \dfrac{3}{n}\right) \cdots \left(1 + \dfrac{n}{n}\right)\right\}$

ヒント！　いずれも，区分求積法の公式：$\lim\limits_{n \to \infty} \dfrac{1}{n} \sum\limits_{k=1}^{n} f\left(\dfrac{k}{n}\right) = \displaystyle\int_0^1 f(x)\, dx$ を用いて解いていこう。

解答＆解説

(1) $K = \lim\limits_{n \to \infty} \dfrac{1}{n} \sum\limits_{k=1}^{n} \dfrac{k}{n} \cdot \dfrac{\sqrt{n^2 + k^2}}{n} = \lim\limits_{n \to \infty} \dfrac{1}{n} \sum\limits_{k=1}^{n} \underbrace{\dfrac{k}{n} \cdot \sqrt{1 + \left(\dfrac{k}{n}\right)^2}}_{f\left(\frac{k}{n}\right)}$ ← 区分求積法の公式の形

$= \displaystyle\int_0^1 \underbrace{x \cdot \sqrt{1 + x^2}}_{f(x)}\, dx = \dfrac{1}{3}\left[(1 + x^2)^{\frac{3}{2}}\right]_0^1$ 　ド・モルガン

ここで，$\left\{(1 + x^2)^{\frac{3}{2}}\right\}' = \dfrac{3}{2}(1 + x^2)^{\frac{1}{2}} \cdot 2x = 3x\sqrt{1 + x^2}$ より，$\displaystyle\int x\sqrt{1 + x^2}\, dx = \dfrac{1}{3}(1 + x^2)^{\frac{3}{2}} + C$ となる。

$= \dfrac{1}{3}\left(2^{\frac{3}{2}} - 1^{\frac{3}{2}}\right) = \dfrac{1}{3}\left(2\sqrt{2} - 1\right)$ となる。 ……………………………(答)

(2) $L = \lim\limits_{n \to \infty} \dfrac{1}{n}\left\{\log\left(1 + \dfrac{1}{n}\right) + \log\left(1 + \dfrac{2}{n}\right) + \log\left(1 + \dfrac{3}{n}\right) + \cdots + \log\left(1 + \dfrac{n}{n}\right)\right\}$

$= \lim\limits_{n \to \infty} \dfrac{1}{n} \sum\limits_{k=1}^{n} \underbrace{\log\left(1 + \dfrac{k}{n}\right)}_{f\left(\frac{k}{n}\right)} = \displaystyle\int_0^1 \underbrace{\log(1 + x)}_{f(x)}\, dx$ ← 区分求積法の公式通り

$= \displaystyle\int_0^1 \underbrace{(1 + x)'}_{1} \cdot \log(1 + x)\, dx = \left[(1 + x)\log(1 + x)\right]_0^1 - \displaystyle\int_0^1 \cancel{(1 + x)} \cdot \dfrac{1}{\cancel{1 + x}}\, dx$

この形にして，部分積分：$\displaystyle\int_0^1 f' \cdot g\, dx = \left[f \cdot g\right]_0^1 - \displaystyle\int_0^1 f \cdot g'\, dx$ に持ち込む

$= 2 \cdot \log 2 - \cancel{1 \cdot \log 1} - \left[x\right]_0^1 = 2\log 2 - 1$ となる。 ……………………(答)

定積分と不等式（Ｉ）

3 以上の自然数 n に対して，$0 \leqq x \leqq \dfrac{1}{2}$ のとき $1 \leqq \dfrac{1}{\sqrt{1-x^n}} \leqq \dfrac{1}{\sqrt{1-x^2}}$ が

成り立つことを示し，$\dfrac{1}{2} < \displaystyle\int_0^{\frac{1}{2}} \dfrac{1}{\sqrt{1-x^n}}\, dx < \dfrac{\pi}{6}$ が成り立つことを示せ。

ヒント！ $[a, b]$ で，$1 \leqq f(x) \leqq g(x)$ ならば，$\displaystyle\int_a^b 1 \cdot dx < \int_a^b f(x)dx < \int_a^b g(x)dx$

となるんだね。頑張ろう！

解答＆解説

$n = 3, 4, 5, 6, \cdots\cdots$，そして，$0 \leqq x \leqq \dfrac{1}{2}$ のとき

$\underline{x^n \leqq x^2}$ より，$-x^n \geqq -x^2$，　$1 - x^n \geqq 1 - x^2$，　$\sqrt{1-x^n} \geqq \sqrt{1-x^2}$ より

たとえば，$n = 3$，$x = \dfrac{1}{4}$ と考えると，$\left(\dfrac{1}{4}\right)^3 \leqq \left(\dfrac{1}{4}\right)^2$ となるのが分かるはずだ。

$\dfrac{1}{\sqrt{1-x^n}} \leqq \dfrac{1}{\sqrt{1-x^2}}$ また，$1 \leqq \boxed{\dfrac{1}{\sqrt{1-x^n}}}$ より，$1 \leqq \dfrac{1}{\sqrt{1-x^n}} \leqq \dfrac{1}{\sqrt{1-x^2}}$ ……①

が成り立つ。　　　　　　　　　　　$\boxed{1\text{ 以下の数}}$　　　　　　　　　………………………（終）

①の各辺を，$x : 0 \to \dfrac{1}{2}$ の区間で積分すると，

$$\underline{\int_0^{\frac{1}{2}} 1 \cdot dx} < \int_0^{\frac{1}{2}} \dfrac{1}{\sqrt{1-x^n}}\, dx < \underline{\int_0^{\frac{1}{2}} \dfrac{1}{\sqrt{1-x^2}}\, dx}$$

$\boxed{[x]_0^{\frac{1}{2}} = \dfrac{1}{2}}$

右辺の積分は，
・$x = \sin\theta$ とおくと
・$x : 0 \to \dfrac{1}{2}$ のとき
　$\theta : 0 \to \dfrac{\pi}{6}$
・$1 \cdot dx = \cos\theta d\theta$

$\displaystyle\int_0^{\frac{\pi}{6}} \dfrac{1}{\boxed{\sqrt{1-\sin^2\theta}}} \cdot \cos\theta d\theta$

$\boxed{\sqrt{\cos^2\theta} = |\cos\theta| = \cos\theta}$ ← $\boxed{\because \cos\theta > 0}$

$= \displaystyle\int_0^{\frac{\pi}{6}} 1 \cdot d\theta = [\theta]_0^{\frac{\pi}{6}} = \dfrac{\pi}{6}$

$\dfrac{1}{2} < \displaystyle\int_0^{\frac{1}{2}} \dfrac{1}{\sqrt{1-x^n}}\, dx < \dfrac{\pi}{6}$　（$n = 3, 4, 5, \cdots\cdots$）が成り立つ。　………………（終）

定積分と不等式 (Ⅱ)

$0 \leqq x \leqq 1$ のとき，$x^2 \leqq x\sqrt{x} \leqq x$ ……① が成り立つ。

①を利用して，次の不等式 (*) が成り立つことを示せ。

$$\log 2 < \int_0^1 \frac{1}{1+x\sqrt{x}}dx < \frac{\pi}{4} \quad \cdots\cdots(*)$$

ヒント！　①の不等式より，$1+x^2 \leqq 1+x\sqrt{x} \leqq 1+x$ であり，各辺はすべて正より，この逆数をとると大小関係が逆転して，$\dfrac{1}{1+x} \leqq \dfrac{1}{1+x\sqrt{x}} \leqq \dfrac{1}{1+x^2}$ となるんだね。

解答＆解説

$0 \leqq x \leqq 1$ のとき，$x^2 \leqq x\sqrt{x} \leqq x$ ……① が成り立つ。

よって，①の各辺に 1 をたして，逆数をとると，大小関係が逆転して，

$\dfrac{1}{1+x} \leqq \dfrac{1}{1+x\sqrt{x}} \leqq \dfrac{1}{1+x^2}$ ……②となる。②の各辺を区間 $[0, 1]$ で積分すると，

$$\underbrace{\int_0^1 \frac{1}{1+x}dx}_{(\text{i})} < \int_0^1 \frac{1}{1+x\sqrt{x}}dx < \underbrace{\int_0^1 \frac{1}{1+x^2}dx}_{(\text{ii})} \quad \cdots\cdots③ \text{ となる。}$$

ここで，(ⅰ)と(ⅱ)の積分は，

(ⅰ) $\displaystyle\int_0^1 \frac{1}{1+x}dx = \Big[\log(1+x)\Big]_0^1 = \log 2 - \underbrace{\log 1}_{} = \log 2$ ……④ となる。

(ⅱ) $\displaystyle\int_0^1 \frac{1}{1+x^2}dx$ について，$x = \tan\theta$ とおくと，$x : 0 \to 1$ のとき，$\theta : 0 \to \dfrac{\pi}{4}$

であり，また，$dx = \dfrac{1}{\cos^2\theta}d\theta$ となる。よって，　　公式：$1+\tan^2\theta = \dfrac{1}{\cos^2\theta}$

$$\int_0^1 \frac{1}{1+x^2}dx = \int_0^{\frac{\pi}{4}} \frac{1}{1+\tan^2\theta} \cdot \frac{1}{\cos^2\theta}d\theta = \int_0^{\frac{\pi}{4}} \frac{1}{\frac{1}{\cos^2\theta}\cdot\cos^2\theta}d\theta$$

$$= \Big[\theta\Big]_0^{\frac{\pi}{4}} = \frac{\pi}{4} \quad \cdots\cdots⑤ \text{ となる。}$$

以上より，④，⑤を③に代入すると，

$$\log 2 < \int_0^1 \frac{1}{1+x\sqrt{x}}dx < \frac{\pi}{4} \quad \cdots\cdots(*) \text{ が導ける。} \cdots\cdots\cdots\cdots(\text{終})$$

2 変数関数の定積分

講義 3 積分法とその応用

| 絶対暗記問題 54 | 難易度 ★★ | CHECK1 | CHECK2 | CHECK3 |

$f(a) = \int_0^{\frac{\pi}{2}} (\sin x - ax)^2 dx$ ……① について，（ i ）$f(a)$ を a の式で表し，

（ⅱ）$f(a)$ を最小にする a の値を求めよ。

ヒント! ①の右辺の積分は，x についての積分なので，まず，a を定数扱いにして積分を行う。その結果，変数 x には，定数 $\frac{\pi}{2}$ と 0 が代入されてなくなり，a の 2 次関数が $f(a)$ となる。

解答&解説

①の右辺を変形すると，

$$f(a) = \int_0^{\frac{\pi}{2}} (\underbrace{\sin x - ax}_{\text{まず，定数扱い}})^2 \underbrace{dx}_{x\text{で積分}} = \int_0^{\frac{\pi}{2}} (\sin^2 x - 2ax\sin x + a^2 x^2) dx$$

$$= \int_0^{\frac{\pi}{2}} \underbrace{\sin^2 x}_{\frac{1}{2}(1-\cos 2x)(\text{半角の公式})} dx - 2a \cdot \int_0^{\frac{\pi}{2}} \underbrace{x \cdot \sin x}_{x \cdot (-\cos x)'} dx + a^2 \underbrace{\int_0^{\frac{\pi}{2}} x^2 dx}_{\frac{1}{3}[x^3]_0^{\frac{\pi}{2}} = \frac{1}{3} \cdot \frac{\pi^3}{2^3} = \frac{\pi^3}{24}}$$

$$= \frac{1}{2} \underbrace{\int_0^{\frac{\pi}{2}} (1 - \cos 2x) dx}_{\begin{array}{c}[x - \frac{1}{2}\sin 2x]_0^{\frac{\pi}{2}} \\ = \frac{\pi}{2} - \frac{1}{2}\sin\pi - (0 - \frac{1}{2}\sin 0) = \frac{\pi}{2}\end{array}} - 2a \cdot \underbrace{\int_0^{\frac{\pi}{2}} x \cdot (-\cos x)' dx}_{\begin{array}{c}= -[x \cdot \cos x]_0^{\frac{\pi}{2}} + \int_0^{\frac{\pi}{2}} 1 \cdot \cos x dx \\ = -\frac{\pi}{2} \cdot \cos\frac{\pi}{2} + 0 \cdot \cos 0 + [\sin x]_0^{\frac{\pi}{2}} = \sin\frac{\pi}{2} = 1\end{array}} + \frac{\pi^3}{24} a^2 \qquad \boxed{\text{部分積分}}$$

（ i ）$\therefore f(a) = \underset{\oplus}{\frac{\pi^3}{24}} a^2 - 2a + \frac{\pi}{4}$ ……② となる。…………（答）

（ⅱ）②は，変数 a の下に凸の 2 次関数である。よって，

$$f'(a) = \boxed{\frac{\pi^3}{12} a - 2 = 0}，\text{すなわち}$$

$a = 2 \times \frac{12}{\pi^3} = \frac{24}{\pi^3}$ のとき，$f(a)$ は最小になる。……（答）

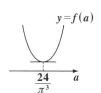

絶対暗記問題 55　難易度 ★★★　CHECK1　CHECK2　CHECK3

定積分 $\displaystyle\int_0^1 |e^x-a|\,dx \cdots$ ① $(a>0)$ の値 $I(a)$ を最小にするような a の値を求めたい。

(1) $I(a)$ を a で表せ。

(2) a が変化するとき，$I(a)$ を最小にするような a の値を求めよ。

（鹿児島大 ＊）

ヒント！ この定積分 $I(a)=\displaystyle\int_0^1 |e^x-a|\,dx$ は，x での積分なので，x をまず変数，

x がまず変数　まず定数扱い　x で積分

積分後変数

a はまず定数とみるんだね。でも，x での積分が終わると，x には 0 と 1 が入って x はなくなるので，最終的には a だけが残る。よって，a の関数 $I(a)$ $(a>0)$ となるんだね。　　　　　$y=g(x)$ と x 軸との交点の x 座標

ここで，$g(x)=e^x-a$ とおくと，$g(x)=0$ のとき，$e^x=a$　∴ $x=\log a$

ここで，積分区間が $[0, 1]$ より，①の積分は次の3通りに場合分けして行う。

(ⅰ) $\log a \leqq 0$ $(a \leqq 1)$，(ⅱ) $0 \leqq \log a \leqq 1$ $(1 \leqq a \leqq e)$，(ⅲ) $1 \leqq \log a$ $(e \leqq a)$

$\log 1$　　　$\log 1$　　　$\log e$　　　$\log e$

解答＆解説

$I(a)=\displaystyle\int_0^1 |e^x-a|\,dx \cdots\cdots$ ① について，

$g(x)=e^x-a$ とおき，さらに，

まだ定数扱い

$G(x)=\displaystyle\int g(x)\,dx=\int (e^x-a)\,dx=e^x-\boxed{a}\,x+C \cdots\cdots$ ② とおく。

注意 この問題では，似たような積分が何回も出てくるので，こうして1回だけ $g(x)$ の不定積分を求めておくと，計算が早くなる。（積分定数 C は無視していい。）

①の積分は，次のように3通りに場合分けされる。

(ⅰ) $\log a \leqq 0$ のとき　　　(ⅱ) $0 \leqq \log a \leqq 1$ のとき　　　(ⅲ) $1 \leqq \log a$ のとき

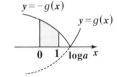

（ⅰ）$\log a \leqq 0$，すなわち $a \leqq 1$ のとき， 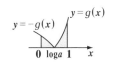 $G(x)=e^x-ax$ のこと

$$I(a)=\int_0^1 g(x)dx=\left[G(x)\right]_0^1=\underline{G(1)}-\underline{G(0)}$$
$$=\underline{e^1-a\cdot 1}-(\underline{e^0-a\cdot 0})=-a+e-1 \cdots\cdots ③$$

（ⅱ）$0 \leqq \log a \leqq 1$，すなわち $1 \leqq a \leqq e$ のとき，

$$I(a)=-\int_0^{\log a} g(x)dx+\int_{\log a}^1 g(x)dx$$
$$=-\left[G(x)\right]_0^{\log a}+\left[G(x)\right]_{\log a}^1$$
$$=-G(\log a)+G(0)+G(1)-G(\log a)$$
$$=\underline{G(1)}-\underline{2G(\log a)}+\underline{G(0)}=\underline{e-a}-2\cdot(\underbrace{e^{\log a}}_{\boxed{a}}-a\cdot\log a)+\underline{1-0}$$
$$=2a\log a-3a+e+1 \cdots\cdots ④ \qquad (\because e^{\log a}=a)$$

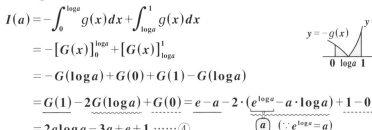

（ⅲ）$1 \leqq \log a$，すなわち $e \leqq a$ のとき，

$$I(a)=-\int_0^1 g(x)dx=a-e+1 \cdots\cdots ⑤$$

 ③の符号を入れかえたもの

以上より，a の関数 $I(a)$ を列記すると，

$$I(a)=\begin{cases} -a+e-1 \cdots\cdots\cdots\cdots ③ \ (a \leqq 1) & \text{← 下り勾配の直線}\\ 2a\log a-3a+e+1 \cdots\cdots ④ \ (1 \leqq a \leqq e) & \\ a-e+1 \cdots\cdots\cdots\cdots ⑤ \ (e \leqq a) & \text{← 上り勾配の直線} \end{cases}$$

③は下り勾配の，⑤は上り勾配の直線より，

$I(a)$ の最小値は，$1 \leqq a \leqq e$ の範囲に存在すると考えられるので，④を a で微分すると，

$$I'(a)=2\left(1\cdot\log a+\cancel{a}\cdot\frac{1}{\cancel{a}}\right)-3=2\log a-1$$

$I'(a)=0$ のとき，$2\log a-1=0$ より，$\log a=\dfrac{1}{2}$

$\therefore a=\sqrt{e}$ となり，増減表は，右のようになる。

以上より，

$I(a)$ を最小にする

a の値は，$a=\sqrt{e}$ である。……（答）

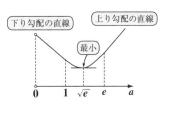

$I(a)$ の増減表 $(1 \leqq a \leqq e)$

a	1		$\sqrt{e}$		e
$I'(a)$		$-$	0	$+$	
$I(a)$		↘	最小値	↗	

絶対暗記問題 56 　　難易度 ★★　　CHECK1　　CHECK2　　CHECK3

関数 $f(x) = \displaystyle\int_0^4 \left| \sqrt{t} - x \right| dt$ $(x \geqq 0)$ を求めよ。

ヒント！　この定積分 $f(x) = \displaystyle\int_0^4 \left| \sqrt{t} - x \right| dt$ は t での積分なので，t をまず変数，

まず，変数　まず，定数扱い　t で積分

積分後，変数

x は定数（ **1** なら **1** と思いなさい。）とみるんだ。でも，t での積分が終わると，t
には，**4** と **0** が入って t はなくなってしまうので，最終的には，x だけが残って，
x の関数 $f(x)$ になるんだ。納得いった？

定数とみる

ここで，$y = g(t) = \sqrt{t} - x$ とおくと，$g(t) = 0$ のとき，$\sqrt{t} = x$ $\therefore t = \boxed{x^2}$

$y = g(t)$ は，$y = \sqrt{t}$ を y 軸方向に
$-x$ だけ平行移動したものだ！

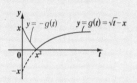

よって，$y = |g(t)|$ のグラフは右図となる。t の積
分区間が $0 \leqq t \leqq 4$ より，**4** と x^2 との大小関係が
ポイントになるよ。

解答&解説

$f(x) = \displaystyle\int_0^4 \left| \sqrt{t} - x \right| dt$ ……① $(x \geqq 0)$ について

$g(t) = \sqrt{t} - x = t^{\frac{1}{2}} - x$ とおき，さらに

まだ，定数扱い

$G(t) = \displaystyle\int g(t)\,dt = \int \left(t^{\frac{1}{2}} - x \right) dt = \dfrac{2}{3} t^{\frac{3}{2}} - \boxed{x} \cdot t + C$ とおく。

注意 この問題では，似たような積分が何回も出てくるので，こうして **1** 回だけ
$g(t)$ の不定積分を求めておくと，計算が楽になる。実際の計算は，定積分だから，
積分定数 C は考えなくていいよ。

(i) $x^2 \leqq 4$，すなわち $0 \leqq x \leqq 2$ のとき，

$$f(x) = \int_0^{x^2} \{ -g(t) \}\,dt + \int_{x^2}^4 g(t)\,dt$$

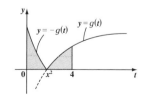

144

$$= -\big[G(t)\big]_0^{x^2} + \big[G(t)\big]_{x^2}^4$$

$$= -G(x^2) + G(0) + G(4) - G(x^2)$$

$$= \underset{\underset{\displaystyle 0}{\wr}}{G(0)} + \underset{\underset{\displaystyle (2^2)^{\frac{3}{2}}=2^3=8}{\wr}}{G(4)} - 2\underset{\displaystyle G(x^2)}{\underline{\qquad}}$$

$$= \underset{\wr}{0} + \frac{2}{3} \cdot \underset{\displaystyle x \cdot 4}{\underline{\left(4^{\frac{3}{2}}\right)}} - 2\left\{ 2\underset{\underset{\displaystyle x^3}{\wr}}{\boxed{(x^2)^{\frac{3}{2}}}} - x \cdot x^2 \right\}$$

$$= \frac{2}{3}x^3 - 4x + \frac{16}{3}$$

(ⅱ) $4 \leqq x^2$，すなわち $2 \leqq x$ のとき，

$$f(x) = \int_0^4 \big\{ -g(t) \big\}\, dt$$

$$= -\big[G(t)\big]_0^4$$

$$= -\underset{\displaystyle G(4)}{\underline{\qquad}} + \underset{\wr}{G(0)}$$

$$= -\left(\frac{16}{3} - 4x \right) + \underset{\wr}{0}$$

$$= 4x - \frac{16}{3}$$

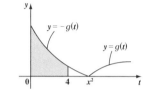

以上 (ⅰ)(ⅱ) より，求める関数 $f(x)$ は次のようになる。

$$f(x) = \begin{cases} \dfrac{2}{3}x^3 - 4x + \dfrac{16}{3} & (0 \leqq x \leqq 2 \text{ のとき}) \\[3mm] 4x - \dfrac{16}{3} & (2 \leqq x \text{ のとき}) \end{cases} \quad \cdots\cdots\cdots\cdots\cdots\cdots\cdots(\text{答})$$

頻出問題にトライ・10　難易度 ★★★　CHECK1　CHECK2　CHECK3

AB を直径とする半径 a の半円の弧 **AB** を n 等分した分点を $P_k(k = 1,\ 2,\ 3,\ \cdots,\ n - 1)$ とする。$\triangle \mathrm{AP}_k\mathrm{B}$ の面積を S_k とするとき，次の極限値を求めよ。

$$\lim_{n \to \infty} \frac{1}{n} \sum_{k=1}^{n-1} S_k \qquad （法政大）$$

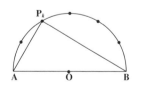

解答は **P174**

§3. 積分で面積・体積・曲線の長さが計算できる！

それでは，積分の最終講義に入ろう。テーマは，"**面積**"，"**体積**"，"**曲線の長さ**"の積分計算だ。ここでは，媒介変数表示された曲線で囲まれた図形の面積についても，詳しく話すつもりだ。このように，さまざまな応用問題をこなすことによって，積分計算の技も，さらに磨きをかけることが出来るんだよ。難しいけれど，面白いはずだ。頑張ろう！

● 面積計算では，曲線の上下関係を押さえよう！

ある図形の面積を S とおくよ。ここで，積分定数 C を無視すると，面積の基本公式 $S = \int dS$ ……① が導けるね。右辺の積分を $\int 1\,dS$ と見ると，なるほど，1 を S で積分したら，S になるからだ。

ここで，この dS を "**微小面積**"と呼ぶ。図1のように，$a \leqq x \leqq b$ の範囲で，2曲線 $y = f(x)$ と $y = g(x)\,[f(x) \geqq g(x)]$ とではさまれる図形の面積 S の微小面積 dS は，横幅 dx，高さ $f(x) - g(x)$ の微小な長方形の面積となるので，

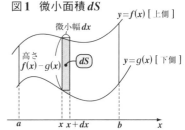

図1 微小面積 dS

$$dS = \{f(x) - g(x)\}\,dx \cdots\cdots② \quad \text{となるね。}$$

②を①に代入して，積分区間 $a \leqq x \leqq b$ で積分すると，次の面積を求める重要公式が導ける。

▌ 面積の積分公式

$a \leqq x \leqq b$ の範囲で，2曲線 $y = f(x)$ と $y = g(x)\,[f(x) \geqq g(x)]$ とではさまれる図形の面積 S は，

$$\text{面積 } S = \int_a^b \{\underbrace{f(x)}_{\text{上側}} - \underbrace{g(x)}_{\text{下側}}\}\,dx$$

面積計算では，この上下関係に特に気をつけよう！

特に，$y=f(x)$ と $y=0$ [x 軸] とではさまれる図形の面積計算について，公式としてまとめておこう。

$y=f(x)$ と x 軸ではさまれる図形の面積

(i) $f(x) \geqq 0$ のとき

$y=f(x)$ は x 軸の上側にあるので，

面積 $S_1 = \displaystyle\int_a^b \underline{f(x)}\, dx$　$\boxed{\underset{\text{上側}}{f(x)} - \underset{\text{下側}}{0}}$

(ii) $f(x) \leqq 0$ のとき

$y=f(x)$ は x 軸の下側にあるので，

面積 $S_2 = -\displaystyle\int_a^b \underline{f(x)}\, dx$　$\boxed{\underset{\text{上側}}{0} - \underset{\text{下側}}{f(x)}}$

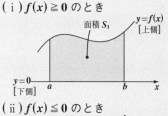

(i) $f(x) \geqq 0$ のとき

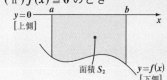

(ii) $f(x) \leqq 0$ のとき

◆ 例題 20 ◆

曲線 $y=e^x-1$，x 軸，および 2 直線 $x=-1$，$x=1$ とで囲まれる図形の面積 S を求めよ。

解答

$y=f(x)=e^x-1$ とおくと，

(i) $-1 \leqq x \leqq 0$ では，　$f(x) \leqq 0$

(ii) $0 \leqq x \leqq 1$ では，$f(x) \geqq 0$ より，

求める図形の面積 S は，

$$S = -\int_{-1}^{0} f(x)\, dx + \int_0^1 f(x)\, dx$$

$$= -\Big[\,e^x - x\,\Big]_{-1}^{0} + \Big[\,e^x - x\,\Big]_0^1$$

$$= -(1-\cancel{0}) + (e^{-1}+\cancel{1}) + (e-\cancel{1}) - (1-\cancel{0})$$

$$= e + e^{-1} - 2 \quad\cdots\cdots\cdots\cdots\cdots\cdots\cdots\cdots\cdots（答）$$

● 偶関数・奇関数の積分公式も要注意だ！

（i）$f(-x)=f(x)$ のとき，$y=f(x)$ は偶関数で，y 軸に関して対称なグラフになること，また，（ii）$f(-x)=-f(x)$ のとき，$y=f(x)$ は奇関数で，原点に関して対称になることも話したね。この性質は，次のように積分計算にも活かせる。

偶関数・奇関数の積分公式

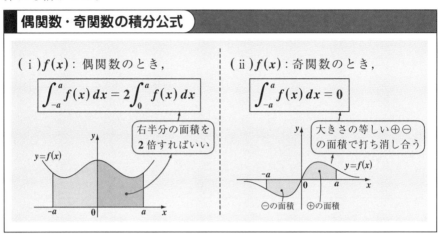

（i）$f(x)$：偶関数のとき，

$$\int_{-a}^{a} f(x)\,dx = 2\int_{0}^{a} f(x)\,dx$$

右半分の面積を
2 倍すればいい

$y=f(x)$

（ii）$f(x)$：奇関数のとき，

$$\int_{-a}^{a} f(x)\,dx = 0$$

大きさの等しい ⊕ ⊖
の面積で打ち消し合う

$y=f(x)$

⊖の面積　⊕の面積

● x 軸，y 軸のまわりの回転体の体積を押さえよう！

面積のときと同様に，立体の体積 V を求める基本公式は，

$$V = \int dV \quad \cdots\cdots ③ \quad だ。$$

右辺 $= \displaystyle\int 1\,dV$ と見ると，なるほど **1** を V で積分したら，V になるからね。(積分定数は無視した！)

ここで，dV を "微小体積" と呼ぶんだけれど，この dV のとり方を次に示すよ。図 **2** のように，ある立体が $a \leqq x \leqq b$ の範囲にあるものとする。この立体を，x 軸に垂直な平面で切ってできる切り口の断面積が $S(x)$ のとき，これに，微小な厚さ dx をかけることにより，微少体積 dV が $dV=S(x)\,dx$ $\cdots\cdots ④$ と求まる。④を③に代入して，$a \leqq x \leqq b$ で積分すると，次の公式が導ける。

図 **2** 微小体積 $dV = S(x)\,dx$
（薄切りハムモデル）

断面積 $S(x)$

体積の積分公式

体積 $V = \displaystyle\int_{a}^{b} S(x)\,dx$　（$S(x)$：断面積）

(ex)　$0 \leqq x \leqq 2$ の範囲に存在する立体の x における断面積 $S(x)$ が

$S(x) = 3\sqrt{x} + 1$ であるとき，この立体の体積 V を求めよう。

$$V = \int_0^2 S(x)\,dx = \int_0^2 (3x^{\frac{1}{2}} + 1)\,dx$$

$$= \left[3 \cdot \frac{2}{3} x^{\frac{3}{2}} + x \right]_0^2 = 2 \cdot 2^{\frac{3}{2}} + 2 = 4\sqrt{2} + 2 \quad \cdots (答)$$

次に，x 軸，および y 軸のまわりの回転体の体積を求める公式も書いて
おく。これは最頻出の公式だから，シッカリ覚えよう。

◼ 回転体の体積の積分公式

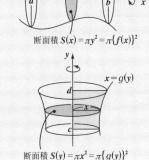

（ⅰ）$y = f(x)$ $(a \leqq x \leqq b)$ を x 軸のまわりに

回転してできる回転体の体積 V_1

$$V_1 = \pi \int_a^b \underbrace{y^2}_{S(x)}\,dx = \pi \int_a^b \underbrace{\{f(x)\}^2}_{S(x)}\,dx$$

断面積 $S(x) = \pi y^2 = \pi\{f(x)\}^2$

（ⅱ）$x = g(y)$ $(c \leqq y \leqq d)$ を y 軸のまわりに

回転してできる回転体の体積 V_2

$$V_2 = \pi \int_c^d \underbrace{x^2}_{S(y)}\,dy = \pi \int_c^d \underbrace{\{g(y)\}^2}_{S(y)}\,dy$$

断面積 $S(y) = \pi x^2 = \pi\{g(y)\}^2$

◆ 例題 21 ◆

曲線 $y = \log(x^2 + 1)$ と，直線 $y = 1$ とで囲まれる図形を y 軸のまわりに
回転してできる回転体の体積を求めよ。

解答

曲線 $y = \log(x^2 + 1)$ のグラフの概形について
は，絶対暗記問題 27 ですでに示した。y 軸の
まわりの回転体なので，この式を変形して，

$y = \log(x^2 + 1)$, 　　$x^2 + 1 = e^y$

$\therefore x^2 = e^y - 1$

よって，求める回転体の体積 V は，

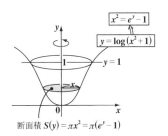

$x^2 = e^y - 1$

$y = \log(x^2 + 1)$

$y = 1$

断面積 $S(y) = \pi x^2 = \pi(e^y - 1)$

$$V = \pi \int_0^1 \underbrace{x^2}_{(e^y-1)} dy = \pi \int_0^1 (e^y - 1)\, dy$$

$$= \pi \big[e^y - y\big]_0^1 = \pi\{e - 1 - (e^0 - 0)\}$$

$$= \pi(e-2) \quad \cdots\cdots\cdots\cdots\cdots\cdots\cdots\cdots\cdots\cdots\cdots\cdots\cdots (答)$$

● 曲線の長さ (道のり) を求めよう！

図 3 に示すように，xy 座標平面上の区間 $[a, b]$ における曲線 $y = f(x)$ の長さ L を求めよう。これも，積分公式 $L = \int \underbrace{dL}_{微小長さ} \cdots\cdots①$ を利用する。図 3 の拡大図より，この微小長さ dL は，三平方の定理を用いて，

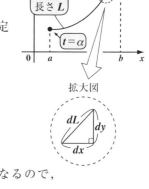

図3 曲線の長さ L

$$dL = \sqrt{(dx)^2 + (dy)^2} \cdots\cdots②$$

となるので，②の $\sqrt{}$ 内を変形しよう。すると，

$$dL = \sqrt{\left\{1 + \left(\frac{dy}{dx}\right)^2\right\}(dx)^2} \quad \boxed{(dx)^2 を くくり出す。}$$

$\boxed{y' = f'(x) のこと}$

$$= \sqrt{1 + (y')^2}\,dx = \sqrt{1 + \{f'(x)\}^2}\,dx \cdots\cdots③ \ となるので，$$

③を①に代入して，積分区間 $x : a \to b$ で定積分すれば，求める曲線の長さ L が，次のように計算できるんだね。

$$L = \int_a^b \sqrt{1 + (y')^2}\, dx = \int_a^b \sqrt{1 + \{f'(x)\}^2}\,dx \ \cdots\cdots(*1)$$

もし，この曲線が，次のような媒介変数 t で表された曲線：

$$\begin{cases} x = f(t) \\ y = g(t) \quad (\alpha \leq t \leq \beta) \end{cases} \ である場合，$$

$\boxed{もちろん，媒介変数は t でも \theta でも何でも構わない！}$

②の微小長さ dL を，次のように変形すればいい。

$$dL = \sqrt{\left\{\left(\frac{dx}{dt}\right)^2 + \left(\frac{dy}{dt}\right)^2\right\}(dt)^2} \quad = \sqrt{\left(\frac{dx}{dt}\right)^2 + \left(\frac{dy}{dt}\right)^2}\,dt \quad \cdots\cdots④ \quad として$$

④を①に代入し，積分区間 $t : \alpha \to \beta$ で，t により定積分すればいいんだね。

$$L = \int_{\alpha}^{\beta} \sqrt{\left(\frac{dx}{dt}\right)^2 + \left(\frac{dy}{dt}\right)^2}\,dt \quad \cdots\cdots(*2)$$

ここで，この t を，時刻と考えると，$(*2)$ の公式は，動点 $P(x, y) = P(f(t), g(t))$ が時刻 $t = \alpha$ から $t = \beta$ までの間に動いた道のり L を求める公式と見ることもできる。

つまり，速度 $\vec{v} = \left(\frac{dx}{dt}, \frac{dy}{dt}\right)$, 速さ $|\vec{v}| = \sqrt{\left(\frac{dx}{dt}\right)^2 + \left(\frac{dy}{dt}\right)^2}$ より $(*2)$ は，

$$L = \int_{\alpha}^{\beta} |\vec{v}|\,dt \quad \cdots\cdots(*2)' \quad と表すこともできるんだね。大丈夫？$$

● **1 次元運動で，位置と道のりを区別しよう！**

図4のように，x 軸上を運動する動点 $P(x)$ の速度 $v = \frac{dx}{dt}$ と速さ $|v| = \left|\frac{dx}{dt}\right|$ を使って，位置と道のりの区別の仕方を解説しよう。動点 P は，$t = \alpha$ のとき $x = x_1$ にあり，移動して，$t = \beta$ のときに，$x = x_2$ にあるものとする。

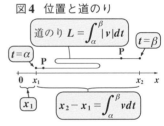

図4 位置と道のり

・このとき，$t : \alpha \to \beta$ の間に，実際に点 P が移動した道のり L は，

$$L = \int_{\alpha}^{\beta} |v|\,dt = \int_{\alpha}^{\beta} \left|\frac{dx}{dt}\right|\,dt \quad \cdots\cdots(*3) \quad となる。これに対して，$$

・v を $t : \alpha \to \beta$ で積分したものは，$x_2 - x_1$ の距離を表すので，$t = \beta$ のときの終点の位置 x_2 は，

$$x_2 = x_1 + \underbrace{\int_{\alpha}^{\beta} v\,dt}_{x_2 - x_1} = x_1 + \underbrace{\int_{\alpha}^{\beta} \frac{dx}{dt}\,dt}_{x_2 - x_1 \text{ のこと}} \quad \cdots\cdots(*4) \quad となるんだね。$$

x 軸上を運動する動点 P(x) の速度は $v = \sin t + \cos t$ (t：時刻, $t \geqq 0$) である。また，$t = 0$ のとき $x = 1$ である。(ⅰ) $t = \pi$ のときの P の位置 x と，(ⅱ) t が 0 から π までの間に P が移動した道のり L を求めよ。

解答

(ⅰ) $t = 0$ のとき $x = 1$ であり，$v = \sin t + \cos t$ ($t \geqq 0$) より，

$t = \pi$ のときの動点 P の位置 x は

$$x = \underbrace{1}_{\boxed{x_1}} + \underbrace{\int_0^\pi v\,dt}_{\boxed{x_2 - x_1 \text{ のこと}}} = 1 + \underbrace{\int_0^\pi (\sin t + \cos t)\,dt}_{[-\cos t + \sin t]_0^\pi = -\underset{\boxed{(-1)}}{\cos\pi} + \underset{\boxed{1}}{\cos 0} = 2} = 1 + 2 = 3 \quad \cdots\cdots\cdots\cdots (答)$$

(ⅱ) $0 \leqq t \leqq \pi$ の間に，動点 P が動いた道のり L は，

$$L = \int_0^\pi |v|\,dt = \int_0^\pi |\underline{\sin t + \cos t}|\,dt$$

$$\begin{aligned}
&\sqrt{2}\left(\frac{1}{\sqrt{2}}\sin t + \frac{1}{\sqrt{2}}\cos t\right)\\
&= \sqrt{2}\left(\sin t\cos\frac{\pi}{4} + \cos t\sin\frac{\pi}{4}\right)\\
&= \sqrt{2}\sin\left(t + \frac{\pi}{4}\right) \qquad \left(\begin{array}{l}三角関数\\の合成だ\end{array}\right)
\end{aligned}$$

$$= \sqrt{2}\int_0^\pi \left|\sin\left(t + \frac{\pi}{4}\right)\right|\,dt$$

$$= \sqrt{2}\left\{\underbrace{\int_0^{\frac{3}{4}\pi}\sin\left(t + \frac{\pi}{4}\right)dt}_{\oplus} - \underbrace{\int_{\frac{3}{4}\pi}^\pi \sin\left(t + \frac{\pi}{4}\right)dt}_{\ominus}\right\}$$

$$= \sqrt{2}\left\{-\left[\cos\left(t + \frac{\pi}{4}\right)\right]_0^{\frac{3}{4}\pi} + \left[\cos\left(t + \frac{\pi}{4}\right)\right]_{\frac{3}{4}\pi}^\pi\right\}$$

$$= \sqrt{2}\left(-\underset{\boxed{(-1)}}{\cos\pi} + \underset{\boxed{\frac{1}{\sqrt{2}}}}{\cos\frac{\pi}{4}} + \underset{\boxed{-\frac{1}{\sqrt{2}}}}{\cos\frac{5}{4}\pi} - \underset{\boxed{(-1)}}{\cos\pi}\right)$$

$$= \sqrt{2}(1 + 1) = 2\sqrt{2} \quad \cdots\cdots\cdots\cdots\cdots\cdots (答)$$

● 簡単な微分方程式にもチャレンジしよう！

たとえば，2次方程式 $(x-2)(x+1)=0$ の場合，この方程式をみたす x の値はな～に？と聞いているので，その解は $x=2,-1$ と答えればいい。これに対して，"**微分方程式**"とは，x や y や y' などが入った方程式のことで，たとえば，$y'=xy$ ……① をみたす関数 $y=f(x)$ はな～に？と聞いてくるんだね。この微分方程式の解法には，様々なものがあるんだけれど，大学受験では，"**変数分離形**"と呼ばれるものだけの解法を覚えておけば十分だと思う。変数分離形の微分方程式は，必ず

$g(y)dy=h(x)dx$ ……② の形にもち込める。

> $(y\text{ の式})dy=(x\text{ の式})dx$ のように，左右に y だけ，x だけの変数がそれぞれ分離されていることが分かるはずだ。

よって，②の両辺を積分して，

$\displaystyle\int g(y)dy=\int h(x)dx$ ……③ とし，これを基に $y=f(x)$ の形にまとめればいいんだね。

> これが微分方程式の解だ！

◆例題 23 ◆

微分方程式 $y'=xy$ ……① を解け。(ただし，$y\neq0$ とする。)

解答

①より，$\dfrac{dy}{dx}=xy$　　$\dfrac{1}{y}dy=x\,dx$ ← 変数分離形だ！ （$\because y\neq0$）

よって，$\displaystyle\int\dfrac{1}{y}dy=\int xdx$ より，　$\log|y|=\dfrac{1}{2}x^2+c'$

> 積分定数は右辺の1つにまとめて示す

$|y|=e^{\frac{1}{2}x^2+c'}=e^{c'}\cdot e^{\frac{1}{2}x^2}$　　　　$y=\pm e^{c'}\cdot e^{\frac{1}{2}x^2}$

> これをまとめて，定数 c とおく

$\therefore$ 求める①の微分方程式の解は，$y=c\,e^{\frac{1}{2}x^2}$ である。……………………(答)

> これが，①の微分方程式をみたす関数 $y=f(x)$ で，解だ！

面積と回転体の体積

曲線 $y = \log x$ と，点 $(1, 0)$，点 $(e, 1)$ を結ぶ直線 l とで囲まれる図形を A とおく。

(1) A の面積 S を求めよ。

(2) A を x 軸のまわりに回転してできる立体の体積 V_1 を求めよ。

(3) A を x 軸方向に -1 だけ平行移動したものを，y 軸のまわりに回転してできる立体の体積 V_2 を求めよ。

ヒント！) (1) では，曲線と x 軸ではさまれる図形の面積から直角三角形の面積を引けばいいね。(2)(3) では，いずれも回転体に空洞ができるので，この体積を全体の体積から引くことを忘れないでくれ！

解答&解説

(1) $y = f(x) = \log x \ (x > 0)$ とおくと，

$1 \leqq x \leqq e$ のとき $f(x) \geqq 0$ より，

求める図形の面積 S は，

$$S = \int_1^e f(x)\,dx - \frac{1}{2}(e-1) \cdot 1 \ \cdots\cdots ①$$

図1　図形 A の面積 S

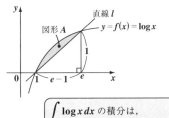

$$\left[\begin{array}{ccc} & - & \end{array}\right]$$

ここで，$\displaystyle\int_1^e f(x)\,dx = \int_1^e \log x\,dx$

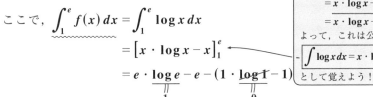

$\displaystyle\int \log x\,dx$ の積分は，

$\displaystyle\int 1 \cdot \log x\,dx = \int x' \cdot \log x\,dx$

$\displaystyle = x \cdot \log x - \int \not{x} \cdot \frac{1}{\not{x}}\,dx$

$= x \cdot \log x - x + C$

よって，これは公式:

$\boxed{\displaystyle\int \log x\,dx = x \cdot \log x - x}$

として覚えよう！

$$= \left[x \cdot \log x - x\right]_1^e$$

$$= e \cdot \underset{1}{\underline{\log e}} - e - (1 \cdot \underset{0}{\underline{\log 1}} - 1)$$

$$= \not{e} - \not{e} + 1 = \underset{\sim}{1} \ \cdots\cdots ②$$

②を①に代入して，

$$S = 1 - \frac{1}{2}(e-1) = \frac{3-e}{2} \quad \cdots\cdots\cdots\cdots\cdots\cdots\cdots\cdots\cdots\cdots(答)$$

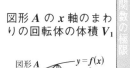

(2) 求める回転体の体積 V_1 は，

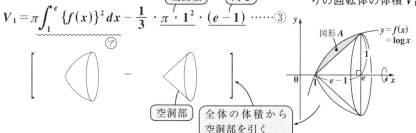

図2　図形 A の x 軸のまわりの回転体の体積 V_1

$$V_1 = \pi \underbrace{\int_1^e \{f(x)\}^2\,dx}_{\text{⑦}} - \frac{1}{3} \cdot \underbrace{\pi \cdot 1^2}_{\text{底面積}} \cdot \underbrace{(e-1)}_{\text{高さ}} \quad \cdots\cdots ③$$

空洞部　全体の体積から空洞部を引く

ここで，⑦：$\displaystyle\int_1^e \{f(x)\}^2\,dx = \int_1^e 1 \cdot (\log x)^2\,dx = \int_1^e x' \cdot (\log x)^2\,dx$

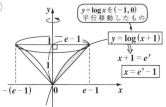

$$= \Big[x \cdot (\log x)^2 \Big]_1^e - \int_1^e x \cdot \underbrace{2(\log x) \cdot \frac{1}{x}}_{\text{簡単！}}\,dx \qquad \overset{\{(\log x)^2\}'}{}$$

$$= e \cdot \underbrace{(\log e)^2}_{1} - 1 \cdot \underbrace{(\log 1)^2}_{0} - 2\int_1^e \log x\,dx$$

$$= e - 2\Big[x \cdot \log x - x \Big]_1^e$$

$$= e - 2\{\cancel{e} - \cancel{e} - (-1)\} = e - 2 \quad \cdots\cdots ④$$

④を③に代入して，$V_1 = \pi(e-2) - \dfrac{\pi}{3}(e-1) = \dfrac{\pi}{3}(2e-5)$ $\quad\cdots\cdots$（答）

(3) 求める回転体の体積 V_2 は，

$$V_2 = \frac{1}{3} \cdot \pi(e-1)^2 \cdot 1 - \pi \underbrace{\int_0^1 \overset{(e^y-1)^2}{(x^2)}\,dy}_{\text{①}} \quad \cdots\cdots ⑤$$

図3　平行移動した図形 A の y 軸のまわりの回転体の体積 V_2

$y = \log x$ を $(-1, 0)$ 平行移動したもの

$y = \log(x+1)$

$x + 1 = e^y$

$\boxed{x = e^y - 1}$

①：$\displaystyle\int_0^1 (e^y-1)^2\,dy = \int_0^1 (e^{2y} - 2e^y + 1)\,dy = \Big[\frac{1}{2}e^{2y} - 2e^y + y \Big]_0^1$

$$= \frac{1}{2}e^2 - 2e + 1 - \Big(\frac{1}{2} - 2 \Big) = \frac{1}{2}e^2 - 2e + \frac{5}{2} \quad \cdots\cdots ⑥$$

⑥を⑤に代入して

$$V_2 = \frac{\pi}{3}(e^2 - 2e + 1) - \pi\Big(\frac{1}{2}e^2 - 2e + \frac{5}{2} \Big)$$

$$= \pi\Big(-\frac{1}{6}e^2 + \frac{4}{3}e - \frac{13}{6} \Big) = \frac{\pi}{6}(-e^2 + 8e - 13) \quad \cdots\cdots\cdots\cdots\text{（答）}$$

面積計算 (I)

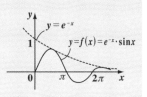

曲線 $y=f(x)=e^{-x}\cdot\sin x$ ……① $(0 \le x \le 2\pi)$ と x 軸とで囲まれる図形の面積 S を求めよ。

ヒント！ $y=f(x)$ は，$y=e^{-x}$ と $y=\sin x$ との積と考えると，右図のようなグラフになることが分かるはずだ。したがって，$y=f(x)(0 \le x \le 2\pi)$ と x 軸とで囲まれる図形の面積 S は，右図の赤の網目部になるんだね。$f(x)$ の積分 $F(x)=\int f(x)dx=\int e^{-x}\cdot\sin x dx$ は，2回部分積分して，自分自身の $F(x)$ を導き出せばいい。

解答＆解説

まず，$f(x)=e^{-x}\cdot\sin x$ ……① の不定積分 $F(x)$ を求めると，

> 部分積分を2回行って自分自身を導き出す！絶対暗記問題 **44(P123)** と同様。

$$F(x)=\int f(x)dx=\int e^{-x}\cdot\sin x dx=\int (-e^{-x})'\cdot\sin x dx$$

$$=-e^{-x}\cdot\sin x-\int(-e^{-x})\cdot\cos x dx=-e^{-x}\sin x+\int (-e^{-x})'\cos x dx$$

$$-e^{-x}\cdot\cos x-\int(-e^{-x})\cdot(-\sin x)dx=-e^{-x}\cos x-\underbrace{\int e^{-x}\sin x dx}_{F(x)}$$

よって，$F(x)=-e^{-x}\sin x-e^{-x}\cos x-F(x)$ より，

$$F(x)=-\frac{1}{2}e^{-x}(\sin x+\cos x) \cdots\cdots② となる。 \quad \leftarrow \boxed{C(\text{定数})は略した}$$

以上より，曲線 $y=f(x)$ $(0 \le x \le 2\pi)$ と x 軸とで囲まれる図形の面積 S は，②から，

$$S=\int_0^\pi f(x)dx-\int_\pi^{2\pi} f(x)dx=\Big[F(x)\Big]_0^\pi-\Big[F(x)\Big]_\pi^{2\pi}=\underset{\sim}{F(\pi)}-\underline{F(0)}-\underset{\text{---}}{F(2\pi)}+\underset{\sim}{F(\pi)}$$

$$\left[\;\overset{\frown}{\underset{0\quad\pi}{}}\; + \;\underset{\pi\quad 2\pi}{\smile}\;\right]$$

$$=2\cdot\underset{\sim}{F(\pi)}-\underline{F(0)}-\underset{\text{---}}{F(2\pi)}=2\cdot\left(-\frac{1}{2}\right)e^{-\pi}\underbrace{(0-1)}_{\boxed{\sin\pi+\cos\pi}}+\frac{1}{2}\cdot 1\cdot\underbrace{(0+1)}_{\boxed{\sin 0+\cos 0}}+\frac{1}{2}e^{-2\pi}\underbrace{(0+1)}_{\boxed{\sin 2\pi+\cos 2\pi}}$$

$$=e^{-\pi}+\frac{1}{2}+\frac{1}{2}e^{-2\pi}=\frac{1}{2}(e^{-2\pi}+2e^{-\pi}+1) となる。\cdots\cdots\cdots\cdots\cdots\text{(答)}$$

面積計算 (Ⅱ)

曲線 $y = \sin 2x \left(0 \leqq x \leqq \dfrac{\pi}{2}\right)$ と x 軸とで囲まれた部分の面積が，曲線 $y = k\cos x$ で 2 等分されるとき，定数 k の値を求めよ。

ヒント! この問題は易しそうだけど，意外と難しいかもしれない。ポイントは，2 つの曲線 $y = \sin 2x$ と $y = k\cos x$ の交点の x 座標を α とおいて，この α と k の関係，つまり具体的には $\sin \alpha$ を k の式として予め求めておくことことなんだね。頑張ろう!

解答 & 解説

$$\begin{cases} y = \sin 2x \ \cdots\cdots ① \ \left(0 \leqq x \leqq \dfrac{\pi}{2}\right) \\ y = k\cos x \ \cdots\cdots ② \end{cases} \quad \text{とおく。}$$

まず，①と x 軸とで囲まれる図形の面積を S とおいて，これを求めると，

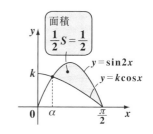

面積 $\dfrac{1}{2}S = \dfrac{1}{2}$

$y = \sin 2x$

$y = k\cos x$

$$S = \int_0^{\frac{\pi}{2}} \sin 2x\, dx = -\frac{1}{2}\Big[\cos 2x\Big]_0^{\frac{\pi}{2}}$$

$$= -\frac{1}{2}(\underbrace{\cos \pi}_{-1} - \underbrace{\cos 0}_{1}) = -\frac{1}{2}(-1-1) = 1 \ \text{となる。}$$

よって，右上図より，①と②の曲線で囲まれる図形の面積は $\dfrac{1}{2}S = \dfrac{1}{2}$ となる。

ここで，①と②の曲線の交点の x 座標を $\alpha \left(0 < \alpha < \dfrac{\pi}{2}\right)$ とおくと，

$$\underbrace{\sin 2\alpha}_{2\sin\alpha\cos\alpha\,(2倍角の公式)} = k\cos\alpha \quad 2\sin\alpha \cdot \cos\alpha = k\cos\alpha$$

両辺を $2\cos\alpha$ で割ると，$\sin\alpha = \dfrac{k}{2}$ $\cdots\cdots③$ となる。

$\left(\begin{array}{l}\text{今回の問題の解法には必要ないけれど，右の直角三角形} \\ \text{から，}\cos\alpha = \dfrac{\sqrt{4-k^2}}{2}\text{であることもスグに分かるんだね。}\end{array}\right)$

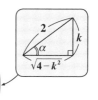

2, k, α, $\sqrt{4-k^2}$

以上より，$y=\sin2x$ ……① $\left(0 \leqq x \leqq \dfrac{\pi}{2}\right)$ と $y=k\cos x$ ……② とで囲まれる図形の面積は $\dfrac{1}{2}$ となるので，

$$\dfrac{1}{2}=\int_{\alpha}^{\frac{\pi}{2}}(\sin2x-k\cos x)dx=\left[-\dfrac{1}{2}\cos2x-k\sin x\right]_{\alpha}^{\frac{\pi}{2}}$$

2倍角の公式：
$$\cos2\alpha=\cos^2\alpha-\sin^2\alpha$$
$$=2\cos^2\alpha-1$$
$$=1-2\sin^2\alpha$$

$$=-\dfrac{1}{2}\underset{(-1)}{\cos\pi}-k\underset{1}{\sin\dfrac{\pi}{2}}+\dfrac{1}{2}\underset{1-2\sin^2\alpha\,(2倍角の公式)}{\cos2\alpha}+k\sin\alpha$$

$$=\dfrac{1}{2}-k+\dfrac{1}{2}(1-2\underset{\left(\frac{k}{2}\right)^2}{\sin^2\alpha})+k\underset{\frac{k}{2}}{\sin\alpha}$$

$\sin\alpha=\dfrac{k}{2}$ ……③ より

$$=\dfrac{1}{2}-k+\dfrac{1}{2}\left(1-\dfrac{k^2}{2}\right)+\dfrac{k^2}{2}$$

$$=1-k+\dfrac{1}{4}k^2 \quad となる。よって，$$

$$\dfrac{1}{2}=1-k+\dfrac{1}{4}k^2 \ より，\ k^2-4k+2=0$$

これを解いて，$k=2\pm\sqrt{\underset{1.41\cdots}{4-2}}=2\pm\sqrt{2}$ となる。

ここで，$0<k<2 \left(\because k=2\sin\alpha\left(0<\alpha<\dfrac{\pi}{2}\right)\right)$ より，求める k の値は，

$k=2-\sqrt{2}$ である。………………………………………………………(答)

面積計算（Ⅲ）

曲線 $y=f(x)=\dfrac{\log x}{x^2}$ $(x>0)$ と x 軸，および直線 $x=\alpha$ $(a>1)$ とで囲まれる図形の面積を $S(\alpha)$ とおく。$S(\alpha)$ を求め，極限 $\displaystyle\lim_{\alpha\to\infty}S(\alpha)$ を求めよ。

ヒント！ 曲線 $y=f(x)$ のグラフの概形は，絶対暗記問題 **25(P80)** で示したので，求める面積 $S(\alpha)$ は $S(\alpha)=\displaystyle\int_1^\alpha f(x)dx$ で求められる。ここではさらに $\alpha\to\infty$ の極限も調べてみよう。

解答＆解説

曲線 $y=f(x)=\dfrac{\log x}{x^2}$ $(x>0)$ のグラフの概形を右に示す。

この曲線 $y=f(x)$ と x 軸と直線 $x=\alpha$
$(\alpha>1)$ とで囲まれる図形の面積 $S(\alpha)$
を求めると，

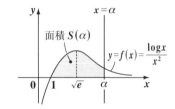

$$S(\alpha)=\int_1^\alpha f(x)dx=\int_1^\alpha \frac{1}{x^2}\cdot\log x\,dx$$

$$\underbrace{x^{-2}=(-x^{-1})'}$$

部分積分
$$\int_1^\alpha f'\cdot g\,dx=\big[f\cdot g\big]_1^\alpha-\int_1^\alpha f\cdot g'\,dx$$

$$=\int_1^\alpha(-x^{-1})'\cdot\log x\,dx=-\left[\frac{1}{x}\log x\right]_1^\alpha-\int_1^\alpha\left(-\frac{1}{x}\right)\cdot\frac{1}{x}\,dx$$

$$=-\frac{\log\alpha}{\alpha}+\underbrace{\log 1}_{0}+\int_1^\alpha\frac{1}{x^2}\,dx=-\frac{\log\alpha}{\alpha}-\left[\frac{1}{x}\right]_1^\alpha=-\frac{\log\alpha}{\alpha}-\frac{1}{\alpha}+1$$

$$\therefore S(\alpha)=1-\frac{1}{\alpha}(\log\alpha+1)\ \cdots\cdots① \ (\alpha>1)\ \text{である。} \ \cdots\cdots\cdots\cdots\cdots（答）$$

よって，$\alpha\to\infty$ のときの $S(\alpha)$ の極限は，①より，

$$\lim_{\alpha\to\infty}S(\alpha)=\lim_{\alpha\to\infty}\left(1-\frac{\log\alpha}{\alpha}-\frac{1}{\alpha}\right)=1-0-0=1\ \text{となる。}\ \cdots\cdots\cdots\cdots（答）$$

$$\frac{(\text{弱い}\infty)}{(\text{中位の}\infty)}=0 \qquad \frac{1}{\infty}=0$$

媒介変数表示された曲線と面積

次の曲線 C と x 軸と y 軸とで囲まれる図形の面積 S を求めよ。

曲線 $C\begin{cases} x = \cos^4\theta \\ y = \sin^4\theta \end{cases}$ ……① $\left(0 \leq \theta \leq \dfrac{\pi}{2}\right)$

$\left(\theta = \dfrac{\pi}{2}\text{ のとき}\right)$　$(0, 1)$　曲線 C　$\left(\theta = 0\text{ のとき}\right)$　$(1, 0)$

レクチャー $x = f(\theta)$, $y = g(\theta)$ のように，媒介変数 θ で表示された曲線と x 軸で囲まれる図形の面積の求め方を，右図の例で示す。

これは，本当は違うんだけれど，まず，この曲線が $y = h(x)$ と表されているものとして，面積 S を求めると，

$S = \displaystyle\int_a^b y\,dx$　となる。

ここで，θ での積分に切り換えると，

見かけ上，$d\theta$ で割った分，$d\theta$ をかけている。

$x : a \to b$ のとき $\theta : \alpha \to \beta$

$S = \displaystyle\int_a^b y\,dx = \int_\alpha^\beta y \cdot \dfrac{dx}{d\theta}\,d\theta$ となって，θ の式 $y \cdot \dfrac{dx}{d\theta}$ を θ で区間 $\alpha \leq \theta \leq \beta$ に

θ の式　θ の式

おいて積分しているので，何の問題もないんだね。

媒介変数表示された曲線の囲む図形の面積 S

まず，$y = h(x)$ と表されたものとして，$S = \displaystyle\int_a^b y\,dx$ を立てる。

$\begin{cases} x = f(\theta) \\ y = g(\theta) \end{cases}$

面積 S

a　$(\theta = \alpha)$　b　$(\theta = \beta)$

解答&解説

曲線 $C\begin{cases} x = \cos^4\theta \\ y = \sin^4\theta \end{cases}$ ……① $\left(0 \leq \theta \leq \dfrac{\pi}{2}\right)$

曲線 C と x 軸と y 軸とで囲まれる図形の面積 S は，

$S = \displaystyle\int_0^1 y\,dx$ ……②

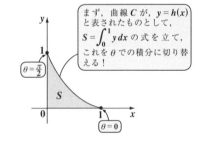

まず，曲線 C が，$y = h(x)$ と表されたものとして，$S = \displaystyle\int_0^1 y\,dx$ の式を立て，これを θ での積分に切り替える！

$\left(\theta = \dfrac{\pi}{2}\right)$　S　$(\theta = 0)$

ここで，$x : 0 \to 1$ のとき，$\theta : \dfrac{\pi}{2} \to 0$ より，②を θ での積分に切り替えると，

$S = \displaystyle\int_0^1 y\,dx = \int_{\frac{\pi}{2}}^0 y \cdot \dfrac{dx}{d\theta}\,d\theta$

$\sin^4\theta$　$(\cos^4\theta)' = 4\cos^3\theta \cdot (-\sin\theta)$　①より

$= \displaystyle\int_{\frac{\pi}{2}}^0 \sin^4\theta \cdot 4\cos^3\theta \cdot (-\sin\theta)\,d\theta = 4\int_0^{\frac{\pi}{2}} \sin^5\theta \cdot \cos^3\theta\,d\theta$

$(1 - \sin^2\theta) \cdot \cos\theta$

$$= 4 \int_0^{\frac{\pi}{2}} \underbrace{\sin^5 \theta (1 - \sin^2 \theta)}_{f(\sin\theta)} \cdot \underline{\cos\theta \, d\theta}$$

$\longleftarrow \boxed{\begin{array}{l} \int f(\sin\theta) \cdot \cos\theta \, d\theta \text{ の形！} \\ \sin\theta = t \text{ と置換する！} \end{array}}$

ここで，$\sin\theta = t$ とおくと，

$\theta : 0 \to \dfrac{\pi}{2}$ のとき，$t : 0 \to 1$

$\underline{\cos\theta \, d\theta} = \underline{dt}$ となる。よって，

$$S = 4 \int_0^1 \overbrace{t^5(1 - t^2)}\, dt = 4 \int_0^1 (t^5 - t^7) \, dt$$

$$= 4 \left[\frac{1}{6} t^6 - \frac{1}{8} t^8 \right]_0^1 = 4 \left(\frac{1}{6} - \frac{1}{8} \right) = 4 \cdot \frac{4 - 3}{24} = \frac{1}{6} \quad \cdots\cdots\cdots\cdots\cdots(答)$$

別解

①より，$\cos^2\theta = \sqrt{x}$，$\sin^2\theta = \sqrt{y}$

$\qquad (0 \leqq x \leqq 1, \ 0 \leqq y \leqq 1)$

よって，$\underline{\sqrt{x} + \sqrt{y} = 1} \qquad y = (1 - \sqrt{x})^2 = 1 - 2x^{\frac{1}{2}} + x$

$\boxed{公式 \cos^2\theta + \sin^2\theta = 1}$ $\boxed{\begin{array}{l} 今回は，本当に \, y = h(x) \, の \\ 形になる！ \end{array}}$

$\therefore S = \int_0^1 \left(1 - 2 \cdot x^{\frac{1}{2}} + x \right) dx = \left[x - \frac{4}{3} x^{\frac{3}{2}} + \frac{1}{2} x^2 \right]_0^1$

$\qquad = 1 - \dfrac{4}{3} + \dfrac{1}{2} = \dfrac{1}{6} \quad \cdots\cdots\cdots\cdots\cdots\cdots\cdots(答)$

となって，同じ結果が導けるんだね。面白かった？

曲線の長さ

曲線 $y = \log(1 - x^2)$ $\left(0 \leqq x \leqq \dfrac{1}{2} \right)$ の長さを求めよ。

ヒント！ $y = f(x)$ の形の曲線の長さ l を求めるには公式：
$l = \displaystyle\int_0^{\frac{1}{2}} \sqrt{1 + \{f'(x)\}^2}\, dx$ を使う。

解答＆解説

$y = f(x) = \log(1 - x^2)$ とおくと，$f'(x) = \dfrac{-2x}{1 - x^2}$

$y = f(x)$ の $0 \leqq x \leqq \dfrac{1}{2}$ における曲線の長さを l とおくと，

$l = \displaystyle\int_0^{\frac{1}{2}} \sqrt{1 + \{f'(x)\}^2}\, dx$ ……①　←〔公式通りだ！〕

ここで，$1 + \{f'(x)\}^2 = 1 + \left(\dfrac{-2x}{1 - x^2} \right)^2 = \dfrac{(1 - x^2)^2 + 4x^2}{(1 - x^2)^2}$

$\left. \begin{array}{l} 1 - 2x^2 + x^4 + 4x^2 \\ = 1 + 2x^2 + x^4 \\ = (1 + x^2)^2 \end{array} \right.$

$= \left(\dfrac{1 + x^2}{1 - x^2} \right)^2$ ……②

②を①に代入して，

$l = \displaystyle\int_0^{\frac{1}{2}} \sqrt{\left(\dfrac{1 + x^2}{1 - x^2} \right)^2}\, dx = \int_0^{\frac{1}{2}} \dfrac{1 + x^2}{1 - x^2}\, dx$

$\dfrac{2 - (1 - x^2)}{1 - x^2} = \dfrac{2}{1 - x^2} - 1$

$= \dfrac{2}{(1 + x)(1 - x)} - 1$

$= \displaystyle\int_0^{\frac{1}{2}} \left(\dfrac{1}{1 + x} - \dfrac{-1}{1 - x} - 1 \right) dx$

$= \dfrac{1}{1 + x} + \dfrac{1}{1 - x} - 1$

$= \Big[\log(1 + x) - \log(1 - x) - x \Big]_0^{\frac{1}{2}}$

$= \log \dfrac{3}{2} - \log \dfrac{1}{2} - \dfrac{1}{2} = \log \dfrac{\frac{3}{2}}{\frac{1}{2}} - \dfrac{1}{2}$

$= \log 3 - \dfrac{1}{2}$ ……………………………………………………（答）

サイクロイド曲線の長さと面積

サイクロイド曲線 $\begin{cases} x = \theta - \sin\theta \\ y = 1 - \cos\theta \end{cases}$ $(0 \leqq \theta \leqq 2\pi)$ がある。（ i ）この曲線の長さ L と，（ ii ）この曲線と x 軸とで囲まれる図形の面積 S を求めよ。

ヒント！　サイクロイド曲線 $x = a(\theta - \sin\theta)$, $y = a(1 - \cos\theta)$ の $a = 1$ のときのもので，これはカマボコ型の曲線なんだね。まず，この媒介変数 θ で表された曲線の長さ L は公式：$L = \int_0^{2\pi} \sqrt{\left(\dfrac{dx}{d\theta}\right)^2 + \left(\dfrac{dy}{d\theta}\right)^2}\, d\theta$ を使って求めたらいいんだね。次に，この曲線と x 軸とで囲まれる図形の面積 S は，まず初めに $y = f(x)$ の形で曲線が与えられたものとして，$S = \int_0^{2\pi} y\, dx$ とし，これを θ での積分：$S = \int_0^{2\pi} y \cdot \dfrac{dx}{d\theta}\, d\theta$（今回は，$x$ でも θ でも積分区間は同じ $[0, 2\pi]$ になる。）に置き換えて求めればいいんだね。それ程難しくはないよ。頑張ろう！

解答＆解説

サイクロイド曲線 $\begin{cases} x = \theta - \sin\theta \\ y = 1 - \cos\theta \end{cases}$ $(0 \leqq \theta \leqq 2\pi)$

$a = 1$ のときのサイクロイド曲線

のグラフの概形は右図のようになる。

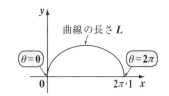

曲線の長さ L

$\theta = 0$　　$\theta = 2\pi$

0　　　　　$2\pi \cdot 1$　x

（ i ）この曲線の長さ L を求める。

$\begin{cases} \cdot \dfrac{dx}{d\theta} = \dfrac{d}{d\theta}(\theta - \sin\theta) = 1 - \cos\theta \\ \cdot \dfrac{dy}{d\theta} = \dfrac{d}{d\theta}(1 - \cos\theta) = \sin\theta \end{cases}$ より，

$\left(\dfrac{dx}{d\theta}\right)^2 + \left(\dfrac{dy}{d\theta}\right)^2 = (1 - \cos\theta)^2 + \sin^2\theta = 1 - 2\cos\theta + \underline{\cos^2\theta + \sin^2\theta}$

①

$= 2\underline{(1 - \cos\theta)} = 2 \cdot 2 \cdot \sin^2\dfrac{\theta}{2} = 4\sin^2\dfrac{\theta}{2}$ ……①

半角の公式：

$\sin^2\dfrac{\theta}{2} = \dfrac{1 - \cos\theta}{2}$

となる。よって，求めるサイクロイド曲線の長さ L は，

$$L = \int_0^{2\pi} \sqrt{\left(\frac{dx}{d\theta}\right)^2 + \left(\frac{dy}{d\theta}\right)^2}\, d\theta$$

$\cdot\ \dfrac{dx}{d\theta} = 1 - \cos\theta$

$\cdot\ \left(\dfrac{dx}{d\theta}\right)^2 + \left(\dfrac{dy}{d\theta}\right)^2 = 4\sin^2\dfrac{\theta}{2}\ \cdots\cdots①$

$\sqrt{4\sin^2\dfrac{\theta}{2}} = 2\left|\sin\dfrac{\theta}{2}\right| = 2\sin\dfrac{\theta}{2}$

$\left(\because\ 0 \leqq \theta \leqq 2\pi\ より,\ \sin\dfrac{\theta}{2} \geqq 0\right)$

$$= 2\int_0^{2\pi} \sin\frac{\theta}{2}\, d\theta = 2\cdot(-2)\left[\cos\frac{\theta}{2}\right]_0^{2\pi} = -4(\underbrace{\cos\pi}_{-1} - \underbrace{\cos 0}_{1})$$

$$= -4(-1-1) = 8\ である。 \ \cdots\cdots\cdots\cdots\cdots\cdots\cdots\cdots\cdots\cdots\cdots\cdots\cdots\cdots（答）$$

（ⅱ）次に，サイクロイド曲線

$x = \theta - \sin\theta,\ y = 1 - \cos\theta$ と

x 軸とで囲まれる図形の面積 S は，

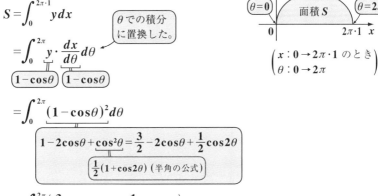

$$S = \int_0^{2\pi\cdot 1} y\, dx$$

θ での積分に置換した。

$$= \int_0^{2\pi} \underbrace{y}_{1-\cos\theta} \cdot \underbrace{\frac{dx}{d\theta}}_{1-\cos\theta}\, d\theta$$

$\left(\begin{array}{l} x : 0 \to 2\pi\cdot 1\ のとき \\ \theta : 0 \to 2\pi \end{array}\right)$

$$= \int_0^{2\pi} (1-\cos\theta)^2\, d\theta$$

$1 - 2\cos\theta + \underbrace{\cos^2\theta}_{\frac{1}{2}(1+\cos 2\theta)\ (半角の公式)} = \dfrac{3}{2} - 2\cos\theta + \dfrac{1}{2}\cos 2\theta$

$$= \int_0^{2\pi} \left(\frac{3}{2} - 2\cos\theta + \frac{1}{2}\cos 2\theta\right) d\theta$$

$$= \left[\frac{3}{2}\theta - 2\sin\theta + \frac{1}{4}\sin 2\theta\right]_0^{2\pi} \quad \leftarrow \boxed{\sin 0 = \sin 2\pi = \sin 4\pi = 0}$$

$$= \frac{3}{2}\times 2\pi = 3\pi\ である。 \ \cdots\cdots\cdots\cdots\cdots\cdots\cdots\cdots\cdots\cdots\cdots（答）$$

164

アステロイド曲線の長さと体積

アステロイド曲線 $x = a\cos^3\theta$, $y = a\sin^3\theta$ $\left(0 \le \theta \le \dfrac{\pi}{2}\right)$
(a：正の定数) がある。

(1) この曲線の長さ l を求めよ。

(2) $I_n = \displaystyle\int_0^{\frac{\pi}{2}} \sin^n\theta\, d\theta$ $(n = 0, 1, 2, \cdots)$ とおくとき，$I_n = \dfrac{n-1}{n} I_{n-2}$ $(n = 2, 3, \cdots)$
が成り立つことを示せ。

(3) この曲線と x 軸，y 軸とで囲まれる部分を x 軸のまわりに回転して
できる回転体の体積 V を求めよ。 (茨城大＊)

レクチャー アステロイド曲線：

$\begin{cases} x = a\cos^3\theta \\ y = a\sin^3\theta \end{cases}$ $(\theta：媒介変数)$ $(a > 0)$

は，試験では頻出の曲線で，お星様
がキラリ (!) と光った形をしてるん
だね。

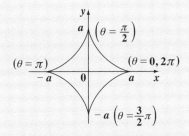

今回は，$0 \le \theta \le \dfrac{\pi}{2}$ より，このうちの
$x \ge 0$，$y \ge 0$ の部分だね。

(1) この曲線の長さ l は，公式通り，
$l = \displaystyle\int_0^{\frac{\pi}{2}} \sqrt{\left(\dfrac{dx}{d\theta}\right)^2 + \left(\dfrac{dy}{d\theta}\right)^2}\, d\theta$ で求める。

(2),(3) この曲線と x 軸，y 軸とで囲
まれた部分を x 軸
のまわりに回転し
た回転体の体積 V
は，この曲線が y
$= f(x)$ で表されて
いるものとして，
$V = \pi\displaystyle\int_0^a y^2\, dx$ と
する。ここで，θ
での積分に切り替
えるので，
$x : 0 \to a$ は
$\theta : \dfrac{\pi}{2} \to 0$ となる。

$\therefore V = \pi\displaystyle\int_{\frac{\pi}{2}}^0 y^2 \cdot \dfrac{dx}{d\theta}\, d\theta$ だね。
このとき，(2) の $\displaystyle\int_0^{\frac{\pi}{2}} \sin^n\theta\, d\theta$ の積分
が必要となるんだね。頑張れ！

解答＆解説

$\begin{cases} x = a\overbrace{\cos^3\theta}^{t} \\ y = a\overbrace{\sin^3\theta}^{u} \end{cases}$ $\left(0 \le \theta \le \dfrac{\pi}{2}\right)$ (a：正の定数)

(1)（ i ） $\dfrac{dx}{d\theta} = a \cdot \overbrace{3\cos^2\theta}^{(t^3)'} \cdot \overbrace{(-\sin\theta)}^{(\cos\theta)'} = -3a\sin\theta\cos^2\theta$

　（ ii ） $\dfrac{dy}{d\theta} = a \cdot \overbrace{3\sin^2\theta}^{(u^3)'} \cdot \overbrace{\cos\theta}^{(\sin\theta)'} = 3a\sin^2\theta \cdot \cos\theta$

（ i ）（ ii ）より

$$\left(\dfrac{dx}{d\theta}\right)^2 + \left(\dfrac{dy}{d\theta}\right)^2 = (-3a\sin\theta\cos^2\theta)^2 + (3a\sin^2\theta\cos\theta)^2$$
$$= 9a^2\sin^2\theta \cdot \cos^2\theta \cdot (\overbrace{\cos^2\theta + \sin^2\theta}^{1})$$
$$= 9a^2\sin^2\theta \cdot \cos^2\theta \quad \cdots\cdots①$$

①より，求める曲線の長さ l は

$$l = \int_0^{\frac{\pi}{2}} \sqrt{\left(\dfrac{dx}{d\theta}\right)^2 + \left(\dfrac{dy}{d\theta}\right)^2}d\theta = \int_0^{\frac{\pi}{2}} \sqrt{9a^2\sin^2\theta \cdot \cos^2\theta}d\theta$$
$$= \int_0^{\frac{\pi}{2}} 3a|\underset{\boxed{0\,以上}}{\sin\theta} \cdot \underset{\boxed{0\,以上}}{\cos\theta}|d\theta \qquad \left(\because 0 \le \theta \le \dfrac{\pi}{2}\right)$$
$$= 3a\int_0^{\frac{\pi}{2}} \underset{f^1}{\sin\theta} \cdot \underset{f'}{\cos\theta}\,d\theta$$
$$= 3a\left[\underset{\frac{1}{2}f^2}{\boxed{\dfrac{1}{2}\sin^2\theta}}\right]_0^{\frac{\pi}{2}} = 3a \times \dfrac{1}{2} = \dfrac{3}{2}a \qquad \cdots\cdots\cdots\cdots\cdots\cdots\cdots（答）$$

(2) $\mathrm{I}_n = \displaystyle\int_0^{\frac{\pi}{2}} \sin^n\theta\,d\theta$ 　$(n = 0, 1, 2, \cdots)$ とおく。

$\mathrm{I}_n = \displaystyle\int_0^{\frac{\pi}{2}} \sin^{n-1}\theta \cdot \underset{\boxed{1\,つだけ別にとる}}{\boxed{\sin\theta}}d\theta$ 　$\boxed{(-\cos\theta)'\,として，部分積分にもち込む！}$

> $\mathrm{I}_n = \dfrac{n-1}{n}\mathrm{I}_{n-2}$ は，I_n と I_{n-2} の関係式より，これは数列 $\{\mathrm{I}_n\}$ の漸化式だね。
> "定積分 I_n の漸化式は，部分積分法を使って導く"と覚えておこう！

$$= \int_0^{\frac{\pi}{2}} \sin^{n-1}\theta \cdot (-\cos\theta)'\,d\theta$$
$$= \underset{\boxed{\because \cos\frac{\pi}{2}=0,\,\sin0=0}}{\left[-\sin^{n-1}\theta \cdot \cos\theta\right]_0^{\frac{\pi}{2}}} - \int_0^{\frac{\pi}{2}} \underset{(n-1)\sin^{n-2}\theta \cdot (\sin\theta)' = (n-1)\sin^{n-2}\theta \cdot \cos\theta}{(\overbrace{\sin^{n-1}\theta}^{u})'} \cdot (-\cos\theta)d\theta$$
$$= (n-1)\int_0^{\frac{\pi}{2}} \sin^{n-2}\theta \cdot \underset{(1-\sin^2\theta)}{\boxed{\cos^2\theta}}d\theta = (n-1)\int_0^{\frac{\pi}{2}} \sin^{n-2}\theta \cdot (1-\sin^2\theta)d\theta$$

$$= (n-1)\left(\underbrace{\int_0^{\frac{\pi}{2}} \sin^{n-2}\theta\, d\theta}_{I_{n-2}} - \underbrace{\int_0^{\frac{\pi}{2}} \sin^n\theta\, d\theta}_{I_n}\right)$$

> この変形の手法は，絶対暗記問題 **43 (P121)** のものと同じだね。

以上より　$I_n = (n-1)(I_{n-2} - I_n)$，$\{1 + (n-1)\}I_n = (n-1)I_{n-2}$

$$\therefore \underline{I_n = \frac{n-1}{n}I_{n-2}} \quad (n = 2, 3, 4, \cdots) \ \cdots\cdots③ \ \cdots\cdots\cdots\cdots\cdots(終)$$

> ③を繰り返し使うと，$I_3 = \dfrac{2}{3}\cdot I_1$，$I_5 = \dfrac{4}{5}\cdot I_3 = \dfrac{4}{5}\cdot\dfrac{2}{3}\cdot I_1$，
> $I_7 = \dfrac{6}{7}\cdot I_5 = \dfrac{6}{7}\cdot\dfrac{4}{5}\cdot I_3 = \dfrac{6}{7}\cdot\dfrac{4}{5}\cdot\dfrac{2}{3}\cdot I_1$ のように計算できるね。

(3) この曲線と x 軸，y 軸で囲まれる部分を x 軸の

まわりに回転してできる回転体の体積 V は

$$V = \pi\int_0^a y^2\, dx = \pi\int_{\frac{\pi}{2}}^0 y^2\cdot\frac{dx}{d\theta}\, d\theta$$

$$\left(x : 0 \to a \text{ のとき，} \theta : \frac{\pi}{2} \to 0\right)$$

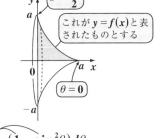

> これが $y = f(x)$ と表されたものとする

$$= \pi\int_{\frac{\pi}{2}}^0 (a\sin^3\theta)^2\cdot\underline{(-3a\cdot\sin\theta\cos^2\theta)}\, d\theta$$

> -1 で積分区間を切り替えた！

$$= 3\pi a^3\int_0^{\frac{\pi}{2}} \sin^7\theta\cdot\underline{\cos^2\theta}\, d\theta = 3\pi a^3\int_0^{\frac{\pi}{2}} \sin^7\theta\cdot\underline{(1-\sin^2\theta)}\, d\theta$$

$$= 3\pi a^3\left(\underbrace{\int_0^{\frac{\pi}{2}} \sin^7\theta\, d\theta}_{I_7} - \underbrace{\int_0^{\frac{\pi}{2}} \sin^9\theta\, d\theta}_{I_9}\right)$$

> $I_1 = \int_0^{\frac{\pi}{2}}\sin\theta\, d\theta = -[\cos\theta]_0^{\frac{\pi}{2}} = -\left(\cos\frac{\pi}{2} - \cos 0\right) = -(0-1) = 1$

$$= 3\pi a^3\left(\frac{6}{7}\cdot\frac{4}{5}\cdot\frac{2}{3}\cdot I_1 - \frac{8}{9}\cdot\frac{6}{7}\cdot\frac{4}{5}\cdot\frac{2}{3}\cdot I_1\right)$$

$$= 3\pi a^3\cdot\frac{6}{7}\cdot\frac{4}{5}\cdot\frac{2}{3}\cdot\left(1 - \frac{8}{9}\right) = \frac{16}{105}\pi a^3 \ \cdots\cdots\cdots\cdots\cdots\cdots\cdots(答)$$

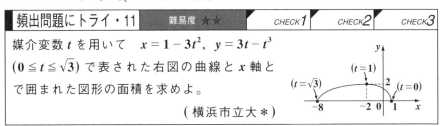

頻出問題にトライ・11　難易度 ★★　CHECK1　CHECK2　CHECK3

媒介変数 t を用いて　$x = 1 - 3t^2$，$y = 3t - t^3$

$(0 \leq t \leq \sqrt{3})$ で表された右図の曲線と x 軸と

で囲まれた図形の面積を求めよ。

（横浜市立大＊）

解答は **P174**

1. 積分は微分と逆の操作

$F'(x) = f(x)$ のとき，$\displaystyle\int f(x)\,dx = F(x) + C$　（C：積分定数）

2. 部分積分法

簡単化！　　　　　　　　　　　簡単化！

$(1)\displaystyle\int f' \cdot g\,dx = f \cdot g - \underline{\int f \cdot g'\,dx}$　$(2)\displaystyle\int f \cdot g'\,dx = f \cdot g - \underline{\int f' \cdot g\,dx}$

3. 区分求積法

$\displaystyle\lim_{n \to \infty} \frac{1}{n} \sum_{k=1}^{n} f\left(\frac{k}{n}\right) = \int_{0}^{1} f(x)\,dx$

4. 面積の積分公式

$a \leqq x \leqq b$ の範囲で，2 曲線 $y = f(x)$ と $y = g(x)$ $[f(x) \geqq g(x)]$ とではさまれる図形の面積 S は，

$$S = \int_{a}^{b} \{\underbrace{f(x)}_{\text{上側}} - \underbrace{g(x)}_{\text{下側}}\}\,dx$$

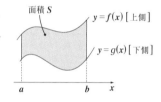

面積 S
$y = f(x)$ [上側]
$y = g(x)$ [下側]

5. 体積の積分公式

$a \leqq x \leqq b$ の範囲にある立体の体積 V は，

$$V = \int_{a}^{b} S(x)\,dx \quad (S(x)：断面積)$$

x 軸のまわりや y 軸のまわりの回転体の体積計算が多い。

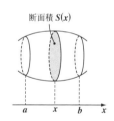

断面積 $S(x)$

6. 曲線の長さの積分公式

（ⅰ）$y = f(x)$ の場合，曲線の長さ l は

$$l = \int_{a}^{b} \sqrt{1 + \{f'(x)\}^2}\,dx$$

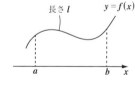

長さ l
$y = f(x)$

（ⅱ）$\begin{cases} x = f(\theta) \\ y = g(\theta) \end{cases}$　（θ：媒介変数）の場合，

曲線の長さ l は

$$l = \int_{\alpha}^{\beta} \sqrt{\left(\frac{dx}{d\theta}\right)^2 + \left(\frac{dy}{d\theta}\right)^2}\,d\theta$$

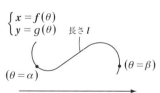

$\begin{cases} x = f(\theta) \\ y = g(\theta) \end{cases}$　長さ l
$(\theta = \alpha)$　$(\theta = \beta)$

◆頻出問題にトライ・1

2倍角の公式：$\cos 2x = 2\cos^2 x - 1$ を使って，与式を変形すると，

$$P = \frac{3\cos 2x - 2\sin^2 x + 7}{2\cos^2 x + 1}$$

$$= \frac{3(2\cos^2 x - 1) - 2(1 - \cos^2 x) + 7}{2\cos^2 x + 1}$$

$$= \frac{8\cos^2 x + 2}{2\cos^2 x + 1} \cdots\cdots\cdots①$$

> この置き換えがポイント

ここで，$t = \cos^2 x$ とおくと，

$$0 \leq x \leq \frac{\pi}{2} \text{ より，} 0 \leq t \leq 1 \cdots\cdots②$$

①を t を用いて表すと

$$P = \frac{8t + 2}{2t + 1} = \frac{4(2t + 1) + 2 - 4}{2t + 1}$$

$$= 4 + \frac{-2}{2t + 1} \longleftarrow \boxed{\text{分母・分子を 2 で割る}}$$

$$P = \frac{-1}{t + \frac{1}{2}} + 4 \quad \therefore ②の下での P のグラフより，t = 0 \left(x = \frac{\pi}{2}\right)$$

のとき，P は最小値 2 をとる。……（答）

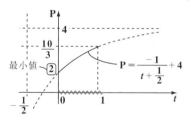

最小値 $\boxed{2}$　　$P = \dfrac{-1}{t + \frac{1}{2}} + 4$

◆頻出問題にトライ・2

$$\lim_{x \to \infty} \{\sqrt{4x^2 - 12x + 1} - (ax + b)\} = 0 \cdots①$$

$a = 0$ とすると，①の左辺は，

$$\lim_{x \to \infty} \{\overset{\infty}{\sqrt{4x^2 - 12x + 1}} - b\} = \infty$$

となり，①が成り立たない。

$a < 0$ とすると，$\lim_{x \to \infty} (\overset{-\infty}{a\boxed{x}} + b) = -\infty$

だから，①の左辺は　$\overset{\infty - (-\infty) = \infty + \infty = \infty}{}$

$$\lim_{x \to \infty} \{\underset{\infty}{\sqrt{4x^2 - 12x + 1}} - \underset{-\infty}{(ax + b)}\} = \infty$$

となって，やはり①は成り立たない。

以上より，①が成り立つためには $a > 0$。

$a > 0$ のとき，①の左辺の分母・分子に $\sqrt{} + ax + b$ をかけて，

> $[\infty - \infty$ の不定形$]$

$$\lim_{x \to \infty} \{\sqrt{4x^2 - 12x + 1} - (ax + b)\}$$

$$= \lim_{x \to \infty} \frac{4x^2 - 12x + 1 - \overset{a^2x^2 + 2abx + b^2}{(ax + b)^2}}{\sqrt{4x^2 - 12x + 1} + (ax + b)}$$

$$= \lim_{x \to \infty} \frac{(4 - a^2)x^2 - 2(6 + ab)x + 1 - b^2}{\sqrt{4x^2 - 12x + 1} + (ax + b)}$$

$$\cdots\cdots②$$

②は，$a \neq 2$ とすると，$4 - a^2 \neq 0$ より

$$\left[\frac{2 \text{ 次の（強い）} \pm \infty}{1 \text{ 次の（弱い）} \infty}\right]$$

の形をしているから，$\pm\infty$ に発散する。

∴①の左辺が有限な値に収束するためには, $a = 2$ ……③ が必要である。

③を②に代入して,

$$\left[\frac{1\,次(同じ強さ)の\infty}{1\,次(同じ強さ)の\infty}\right]$$

$$\lim_{x\to\infty}\frac{-2(6+2b)x+1-b^2}{\sqrt{4x^2-12x+1}+2x+b}$$

分母・分子をxで割った

$$=\lim_{x\to\infty}\frac{-4(3+b)+\dfrac{1-b^2}{x}}{\sqrt{4-\dfrac{12}{x}+\dfrac{1}{x^2}}+2+\dfrac{b}{x}}$$

$$=\frac{-4(3+b)}{\sqrt{4}+2}=\boxed{-(3+b)=0}$$

∴ $b = -3$ ……④

③, ④より, $a = 2,\ b = -3$ ……(答)

◆頻出問題にトライ・3

導関数の定義式通り

$$\{f(x)\cdot g(x)\}'=\lim_{h\to 0}\frac{f(x+h)g(x+h)-f(x)g(x)}{h}$$

$$=\lim_{h\to 0}\left\{\frac{f(x+h)g(x+h)-f(x)g(x+h)}{h}\right.$$
$$\left.+\frac{f(x)g(x+h)-f(x)g(x)}{h}\right\}$$

$$=\lim_{h\to 0}\left[\frac{\{f(x+h)-f(x)\}\cdot g(x+h)}{h}\right.$$
$$\left.+\frac{f(x)\cdot\{g(x+h)-g(x)\}}{h}\right]$$

$$=\lim_{h\to 0}\left\{\underbrace{\frac{\{f(x+h)-f(x)\}}{h}}_{f'(x)}\underbrace{\big(g(x+h)\big)}_{g(x+0)}\right.$$
$$\left.+f(x)\underbrace{\frac{g(x+h)-g(x)}{h}}_{g'(x)}\right\}$$

$$=f'(x)g(x)+f(x)g'(x)\quad\text{……(終)}$$

◆頻出問題にトライ・4

$y = -(x+1)^{-1}$ を, 順次xで微分して,

$y' = -1\cdot(-1)\cdot(x+1)^{-2}\cdot(x+1)'$ （合成関数の微分）
$\quad = (x+1)^{-2}$ ……………(答)

$y'' = \{(x+1)^{-2}\}' = -2\cdot(x+1)^{-3}$ …(答)

$y''' = \{-2\cdot(x+1)^{-3}\}' = -2\cdot(-3)\cdot(x+1)^{-4}$
$\quad = \underset{3!}{6}(x+1)^{-4}$

$y^{(4)} = \{6\cdot(x+1)^{-4}\}' = 6\cdot(-4)\cdot(x+1)^{-5}$
$\quad = -\underset{4!}{24}(x+1)^{-5}$ …………………(答)

以上より,

$y' = 1!(x+1)^{-2},\quad y'' = -2!(x+1)^{-3}$

$y''' = \underset{6}{3!}(x+1)^{-4},\quad y^{(4)} = -\underset{24}{4!}(x+1)^{-5}$

よって, $n=1, 2, 3, \cdots$ のとき, 第n次導関数$y^{(n)}$は, 次のようになる。

$y^{(n)} = (-1)^{n-1}\cdot n!(x+1)^{-(n+1)}$ ……(答)

◆頻出問題にトライ・5

$$\begin{cases} y = f(x) = e^x & \text{……………①} \\ y = g(x) = \sqrt{x+a} & \text{……………②} \end{cases}$$

とおくと, $(x+a)^{\frac{1}{2}}$

$$\begin{cases} f'(x) = e^x \\ g'(x) = \dfrac{1}{2}(x+a)^{-\frac{1}{2}} = \dfrac{1}{2\sqrt{x+a}} \end{cases}$$

$x=t$ において①と②が接するとき,

$$\begin{cases} f(t) = g(t) & \text{（}x=t\text{で共有点をもつ）} \\ f'(t) = g'(t) & \text{（}x=t\text{で共通接線をもつ）} \end{cases}$$

$$\therefore \begin{cases} e^t = \sqrt{t+a} & \text{……………③} \\ e^t = \dfrac{1}{2\sqrt{t+a}} & \text{……………④} \end{cases}$$

③÷④より,

$$\frac{e^t}{e^t} = \frac{\sqrt{t+a}}{\dfrac{1}{2\sqrt{t+a}}} = 2(\sqrt{t+a})^2$$

$\therefore 1 = 2(t+a), \quad t+a = \dfrac{1}{2}$ ……………⑤

⑤を③に代入して，

$e^t = \sqrt{\dfrac{1}{2}} = \sqrt{2^{-1}} = 2^{-\frac{1}{2}}$ ……………⑥

$\therefore t = \log 2^{-\frac{1}{2}} = -\dfrac{1}{2}\log 2$ …………⑦

⑦を⑤に代入して，

$a = \dfrac{1}{2} - t = \dfrac{1}{2} + \dfrac{1}{2}\log 2$

$\quad = \dfrac{1}{2}(1 + \log 2)$ …………………(答)

以上より，求める $P(\underset{e^t}{t},\ f(t))$ における
接線の方程式は，

$y = \underset{f'(t)}{e^t}\ (x - \underset{t}{t})\ +\ \underset{f(t)}{e^t}$

$[y = f'(t)(x - t) + f(t)]$

⑦より

$\quad = \dfrac{1}{\sqrt{2}}\Big(x + \dfrac{1}{2}\log 2\Big) + \dfrac{1}{\sqrt{2}}\ (\because ⑥,⑦)$

⑥より

$\quad = \dfrac{1}{\sqrt{2}}x + \dfrac{1}{2\sqrt{2}}\cdot\log 2 + \dfrac{1}{\sqrt{2}}$

$\therefore y = \dfrac{\sqrt{2}}{2}x + \dfrac{\sqrt{2}(\log 2 + 2)}{4}$ ………(答)

◆頻出問題にトライ・6

(1) $\angle ABC = \angle ACB$

$\quad = \dfrac{1}{2}(\pi - \theta)$

$\quad = \dfrac{\pi}{2} - \dfrac{\theta}{2}$

図1

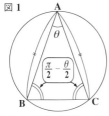

△ABC に正弦定理を用いて，

$2 \cdot 1 = \dfrac{AC}{\sin\left(\dfrac{\pi}{2} - \dfrac{\theta}{2}\right)} = \dfrac{\overset{AB}{AC}}{\cos\dfrac{\theta}{2}}$

外接円の半径

$\cos\dfrac{\theta}{2}$

$\therefore AC = AB = 2\cos\dfrac{\theta}{2}$

$\therefore$ △ABC の面積を S とおくと

$S = \dfrac{1}{2}\cdot AB \cdot AC \cdot \sin\theta = \dfrac{1}{2}\Big(2\cos\dfrac{\theta}{2}\Big)^2 \cdot \sin\theta$

半角公式：
$\cos^2\dfrac{\theta}{2} = \dfrac{1+\cos\theta}{2}$

$\quad = 2 \cdot \cos^2\dfrac{\theta}{2}\cdot \sin\theta$

$\quad = 2 \cdot \dfrac{1+\cos\theta}{2}\cdot \sin\theta$

$\quad = (1 + \cos\theta)\sin\theta$ …………………(答)

(2) $S = f(\theta)$ とおくと，(1) より

$\quad S = f(\theta) = (1 + \cos\theta)\cdot \sin\theta$

このグラフのイメージは，直感的につかむのが難しいね。ここでは，$f'(\theta)$ を求めて，増減表を作って最大値を求めればいい。

公式 $(f \cdot g)' = f' \cdot g + f \cdot g'$ を使った

$f'(\theta) = (1+\cos\theta)'\cdot\sin\theta + (1+\cos\theta)\cdot(\sin\theta)'$

$\quad = -\sin\theta\cdot\sin\theta + (1+\cos\theta)\cdot\cos\theta$

$\quad = -\sin^2\theta + \cos\theta + \cos^2\theta$

$\quad = -(1 - \cos^2\theta) + \cos\theta + \cos^2\theta$

$\quad = 2\cos^2\theta + \cos\theta - 1$

$\quad = \underset{f'(\theta)}{(2\cos\theta - 1)}\underset{\oplus(\because 0<\theta<\pi)}{(\cos\theta + 1)}$

図1より，$0 < \theta < \pi$ だから，

$\quad -1 < \cos\theta < 1$

$\therefore \cos\theta + 1 > 0$ より，$f'(\theta) = 0$ のとき，

$\quad 2\cos\theta - 1 = 0, \quad \cos\theta = \dfrac{1}{2}$

$\therefore \theta = \dfrac{\pi}{3}$

$$\widetilde{f'\left(\frac{\pi}{4}\right)} = 2 \cdot \frac{\sqrt{2}}{2} - 1 = \sqrt{2} - 1 > 0$$

$$\widetilde{f'\left(\frac{\pi}{2}\right)} = 2 \cdot 0 - 1 = -1 < 0$$

増減表 $(0 < \theta < \pi)$

θ	(0)		$\frac{\pi}{3}$		(π)
$f'(\theta)$		$\boxed{+}$	0	$\boxed{-}$	
$f(\theta)$		↗	極大	↘	

この増減表より, S の最大値は,

$$f\left(\frac{\pi}{3}\right) = \left(1 + \cos\frac{\pi}{3}\right) \cdot \sin\frac{\pi}{3}$$

$$= \left(1 + \frac{1}{2}\right) \cdot \frac{\sqrt{3}}{2} = \frac{3}{4}\sqrt{3} \cdots\cdots(答)$$

◆頻出問題にトライ・7

$$tx^4 - x + 3t = 0 \cdots\cdots\cdots\cdots\cdots①$$

とおく。①を t についてまとめて

$$t(x^4 + 3) = x \quad \therefore \frac{x}{x^4 + 3} = t \cdots\cdots②$$

①, すなわち②の実数解 x は

$$\begin{cases} y = f(x) = \dfrac{x}{x^4 + 3} \\ y = t \quad [x\,軸に平行な直線] \end{cases}$$

の2つのグラフの共有点の x 座標である。
ここで,

$$f(-x) = \frac{-x}{(-x)^4 + 3} = -\frac{x}{x^4 + 3} = -f(x)$$

より, $f(x)$ は奇関数。← 原点に関して対称なグラフになる。

$\therefore x \geqq 0$ で調べれば十分である。

公式: $\left(\dfrac{g}{f}\right)' = \dfrac{g' \cdot f - g \cdot f'}{f^2}$ より

$x \geqq 0$ のとき,

$$f'(x) = \frac{x' \cdot (x^4 + 3) - x \cdot (x^4 + 3)'}{(x^4 + 3)^2}$$

$$= \frac{x^4 + 3 - x \cdot 4x^3}{(x^4 + 3)^2}$$

$$= \frac{-3x^4 + 3}{(x^4 + 3)^2} = \frac{3(1 - x^4)}{(x^4 + 3)^2}$$

$$= \frac{3(1 + x^2)(1 - x^2)}{(x^4 + 3)^2}$$

$$= \frac{3(1 + x^2)(1 + x)\,(\boxed{(1 - x)})}{(x^4 + 3)^2}$$

$$\widetilde{f'(x)} = \begin{cases} \oplus \\ \boxed{0} \\ \ominus \end{cases}$$

増減表 $(x \geqq 0)$

x	0		1	
$f'(x)$		$+$		$-$
$f(x)$	0	↗	極大	↘

この増減表より,

極大値 $f(1) = \dfrac{1}{1^4 + 3} = \dfrac{1}{4}$

また,

$$\lim_{x \to \infty} f(x) = \lim_{x \to \infty} \frac{x}{x^4 + 3} \left[\begin{array}{l} 1\,次の\,(弱い)\,\infty \\ 4\,次の\,(強い)\,\infty \end{array}\right]$$

$$= \lim_{x \to \infty} \cdot \frac{1}{\boxed{x^3} + \boxed{\dfrac{3}{x}}}$$

分母・分子を x で割った

$$= 0$$

これより, グラフは x 軸を漸近線にもつ。

以上より, $y = f(x)$ のグラフを下図に示す。これより, ②が異なる2つの実数解 x をもつような t の値の範囲は,

$$-\frac{1}{4} < t < 0, \ 0 < t < \frac{1}{4} \cdots\cdots\cdots(答)$$

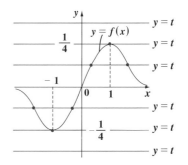

（ i ） $f(x) = e^x$ とおくと　$f'(x) = e^x$

よって，近似公式：

$f(a + h) \fallingdotseq f(a) + h \cdot f'(a)$ ……（＊）

を用いて，$e^{1.001} = e^{1 + 0.001}$ の近似値を求めると，

$e^{1 + 0.001} \fallingdotseq e^1 + 0.001 \cdot e^1$

> $a = 1, h = 0.001$ とおくと，
> $e^{a + h} \fallingdotseq e^a + h \cdot e^a$，つまり
> $f(a + h) \fallingdotseq f(a) + h \cdot f'(a)$
> になっているね。

$\therefore\ e^{1.001} \fallingdotseq 1.001 \cdot e$ …………（答）

（ ii ） $f(x) = \log x$ とおくと　$f'(x) = \dfrac{1}{x}$

よって，$a = 1$，$h = 0.001$ とおいて，（＊）の近似公式を使って，

$\log(1.001) = \log(\underset{a''}{1} + \underset{h''}{0.001})$ の近似値を求めてみると，

$\log(1 + 0.001) \fallingdotseq \underset{0''}{\log 1} + 0.001 \cdot \dfrac{1}{1}$

$[\ f(a + h)\quad \fallingdotseq\ f(a) + h \cdot f'(a)]$

$\therefore\ \log(1.001) \fallingdotseq 0.001$ ………（答）

（ iii ） $f(x) = \sin x$ とおくと $f'(x) = \cos x$

また，$46° = 45° + 1°$ ← 単位は度

$= \dfrac{\pi}{4} + \dfrac{\pi}{180}$ ← 単位はラジアン

よって，$a = \dfrac{\pi}{4}$，$h = \dfrac{\pi}{180}$ とおいて，（＊）の近似公式を使うと

$\sin 46° = \sin\left(\dfrac{\pi}{4} + \dfrac{\pi}{180}\right)$

$\fallingdotseq \underset{\frac{1}{\sqrt{2}}}{\sin\dfrac{\pi}{4}} + \dfrac{\pi}{180} \cdot \underset{\frac{1}{\sqrt{2}}}{\cos\dfrac{\pi}{4}}$

$= \dfrac{1}{\sqrt{2}}\left(1 + \dfrac{\pi}{180}\right)$ ……………（答）

> 2 をかけた分，$\dfrac{1}{2}$ を $\int$ の前に出す

（1） $\displaystyle\int_1^2 \dfrac{x + 1}{x^2 + 2x}\,dx = \dfrac{1}{2} \cdot \int_1^2 \dfrac{\overset{f'}{2x + 2}}{\underset{f}{x^2 + 2x}}\,dx$

> 公式：$\displaystyle\int \dfrac{f'}{f}\,dx = \log|f|$

$= \dfrac{1}{2}\left[\log(\underline{x^2 + 2x})\right]_1^2 = \dfrac{1}{2}(\log 8 - \log 3)$

> ∵ 積分区間 $1 \le x \le 2$ で，$x^2 + 2x > 0$

$= \dfrac{1}{2}\log\dfrac{8}{3}$ …………………（答）

（2）

$\displaystyle\int_2^3 \dfrac{1}{x^2 - 1}\,dx = \int_2^3 \dfrac{\overset{\frac{1}{2}\{(x+1)-(x-1)\}}{①}}{(x + 1)(x - 1)}\,dx$

$= \dfrac{1}{2}\displaystyle\int_2^3 \dfrac{(x + 1) - (x - 1)}{(x + 1)(x - 1)}\,dx$

$= \dfrac{1}{2}\displaystyle\int_2^3\left(\dfrac{\overset{f'}{①}}{\underset{f}{x - 1}} - \dfrac{\overset{g'}{①}}{\underset{g}{x + 1}}\right)dx$

$= \dfrac{1}{2}\left[\log|x - 1| - \log|x + 1|\right]_2^3$

> $\log 2^2 = 2\log 2$

$= \dfrac{1}{2}\{(\log 2 - \log 4) - \log 1 + \log 3\}$

$= \dfrac{1}{2}(\log 2 - 2\log 2 + \log 3)$

$= \dfrac{1}{2}(\log 3 - \log 2)$

$= \dfrac{1}{2}\log\dfrac{3}{2}$ …………………（答）

（3） $\displaystyle\int_0^1 \dfrac{1}{\underset{a^2}{①} + x^2}\,dx$ について，

> $\displaystyle\int \dfrac{1}{a^2 + x^2}\,dx$（$a$：正の定数）では，
> $x = a\tan\theta$ とおく！
> この置き換えは，定石なので完璧に覚えてくれ。
> 置換積分では，次の 3 つのステップ（ i ）（ ii ）（ iii ）を踏むんだね。

(i) $x = \boxed{\tan\theta}$ とおく。

(ii) $x : 0 \to 1$ のとき
$\theta : 0 \to \dfrac{\pi}{4}$

θ の積分区間を押える！

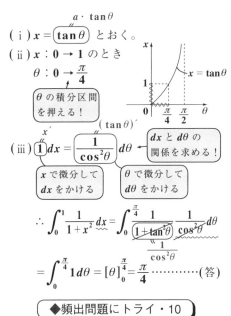

(iii) $\overset{(\tan\theta)'}{\boxed{1}}\,dx = \boxed{\dfrac{1}{\cos^2\theta}}\,d\theta$

dx と $d\theta$ の関係を求める！

x で微分して dx をかける

θ で微分して $d\theta$ をかける

$\therefore \displaystyle\int_0^1 \dfrac{1}{1+x^2}\,dx = \int_0^{\frac{\pi}{4}} \dfrac{1}{\boxed{1+\tan^2\theta}}\,\dfrac{1}{\cos^2\theta}\,d\theta$

$\underbrace{\qquad}_{\frac{1}{\cos^2\theta}}$

$= \displaystyle\int_0^{\frac{\pi}{4}} 1\,d\theta = [\theta]_0^{\frac{\pi}{4}} = \dfrac{\pi}{4}$ …………(答)

◆頻出問題にトライ・10

下図より，$\overset{\frown}{AP_1}$ は半円弧 $\overset{\frown}{AB}$ を n 分割したものの 1 つだから，

$\angle AOP_1 = \dfrac{\overset{180°}{\pi}}{n}$

$\therefore \overset{\frown}{AP_k}$ の長さは，$\overset{\frown}{AP_1}$ の長さを k 倍したものより，

$\angle AOP_k = k \cdot \angle AOP_1 = \dfrac{k\pi}{n}$

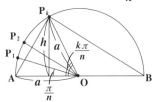

頂点 P_k から線分 AB に下ろした垂線の長さを h とおくと，

$\sin\dfrac{k\pi}{n} = \dfrac{h}{a}$

$\therefore h = a \cdot \sin\dfrac{k\pi}{n}$

$\therefore \triangle AP_kB$ の面積 S_k は，

174

$S_k = \dfrac{1}{2} \cdot \boxed{AB} \cdot h = \dfrac{1}{2} \cdot \overset{2a}{\cancel{2}a} \cdot a\sin\dfrac{k\pi}{n}$

$= a^2\sin\dfrac{k\pi}{n}$

$\therefore \displaystyle\lim_{n\to\infty}\dfrac{1}{n}\sum_{k=1}^{n-1}S_k = \lim_{n\to\infty}\dfrac{1}{n}\sum_{k=1}^{n-1}a^2\sin\dfrac{k\pi}{n}$ …①

ここで，

$k = n$ のとき

$\displaystyle\sum_{k=1}^{n}a^2\sin\dfrac{k\pi}{n} = \sum_{k=1}^{n-1}a^2\sin\dfrac{k\pi}{n} + \boxed{a^2\sin\dfrac{n\pi}{n}}$

$\boxed{a^2\sin\pi = 0}$

$\therefore \displaystyle\sum_{k=1}^{n-1}a^2\sin\dfrac{k\pi}{n} = \sum_{k=1}^{n}a^2\sin\dfrac{k\pi}{n}$ ………②

②を①に代入して，

$f\left(\dfrac{k}{n}\right)$

$\displaystyle\lim_{n\to\infty}\dfrac{1}{n}\sum_{k=1}^{n}S_k = \lim_{n\to\infty}\dfrac{1}{n}\sum_{k=1}^{n}\boxed{a^2\sin\dfrac{k\pi}{n}}$

区分求積法の公式：
$\displaystyle\lim_{n\to\infty}\dfrac{1}{n}\sum_{k=1}^{n}f\left(\dfrac{k}{n}\right) = \int_0^1 f(x)\,dx$

$f(x)$

$= \displaystyle\int_0^1 \boxed{a^2\sin\pi x}\,dx = a^2\left[-\dfrac{1}{\pi}\cos\pi x\right]_0^1$

$= -\dfrac{a^2}{\pi}\left(\overset{-1}{\boxed{\cos\pi}} - \overset{1}{\boxed{\cos 0}}\right) = \dfrac{2a^2}{\pi}$ ……(答)

◆頻出問題にトライ・11

$\begin{cases} x = 1 - 3t^2 \\ y = \dfrac{3t - t^3}{} \\ (0 \le t \le \sqrt{3}) \end{cases}$

で表される曲線を C とおく。

曲線 C と x 軸とで囲まれた図形の面積を S とおくと，上図より，

$S = \displaystyle\int_{-8}^{1} y\,dx$ ……………………………①

ここで，これを t での積分に切り替えると，図より，

$x : -8 \to 1$ のとき
$t : \sqrt{3} \to 0$

また，$\dfrac{dx}{dt} = (1 - 3t^2)' = -6t$

∴①は，

$$S = \int_{-8}^{1} y\,dx = \int_{\sqrt{3}}^{0} y\,\frac{dx}{dt}\,dt$$

> dt で割った分 dt をかける

$$= \int_{\sqrt{3}}^{0} (3t - t^3) \cdot (-6t)\,dt$$

> -1 で積分区間を切り替えた

$$= 6 \cdot \int_{0}^{\sqrt{3}} (3t - t^3)t\,dt$$

$$= 6 \cdot \int_{0}^{\sqrt{3}} (3t^2 - t^4)\,dt = 6 \cdot \left[t^3 - \frac{1}{5}t^5 \right]_{0}^{\sqrt{3}}$$

$$= 6 \cdot \left(3\sqrt{3} - \frac{9\sqrt{3}}{5} \right) = \frac{36\sqrt{3}}{5} \quad \cdots\cdots(\text{答})$$

◆ *Term・Index* ◆

あ行

アステロイド曲線 ……………60, 165

位置 ……………………98, 151

1対1対応 ………………10, 12, 14

1対1の関数 ………………12, 13

上への関数 ………………12, 13

か行

開区間 ………………………36

回転体の体積の積分公式 …………149

ガウス記号 …………………35

加速度 ………………………98

—— の大きさ …………98, 99

—— ベクトル …………………99

関数 ………………………12

—— の凹凸 …………………79

—— の極限 …………………20

—— の増減 …………………74

—— の平行移動 ………………8

—— の連続性 …………………34

奇関数 ……………………76, 79

逆関数 ……………………10

共接条件 ……………………65

極小値 ………………………74

曲線の長さ …………………150

極大値 ………………………74

極値 ………………………74

近似式 ………………………100

偶関数 ……………………78, 79

区分求積法 …………………130

原始関数 …………………108

原像 ………………………12

高次導関数 …………………59

合成関数 …………………11

さ行

サイクロイド曲線 …………………56

三角関数の極限公式 ………………20

指数関数の極限公式 ………………24

自然対数 ……………………23

—— の極限公式 …………………24

—— の底 …………………23

収束 ………………………19

積分定数 …………………108

接線 ……………………43, 64

絶対値の入った定積分 ·············· **132**
像 ························· **12**
双曲線 ·························· **61**
速度 ·························· **98**
── ベクトル ·············· **99**

た行
対数微分法 ·············· **47**
体積の積分公式 ·············· **148**
値域 ·························· **12**
置換積分 ·············· **114**
中間値の定理 ·············· **36**
定義域 ·············· **12**
定積分 ·············· **111**
── で表された関数 ·········· **128**
導関数 ·············· **44**

な行
ネイピア数 ·············· **24**

は行
媒介変数表示された曲線 ·········· **56**
媒介変数表示の関数の導関数 ······· **56**
発散 ·············· **19**
速さ ·············· **98,99**

微小体積 ·············· **148**
微小面積 ·············· **146**
被積分関数 ·············· **108**
左側極限 ·············· **34**
微分係数 ·············· **42**
微分方程式 ·············· **153**
不定形 ·············· **19**
不定積分 ·············· **108**
部分積分 ·············· **113**
分数関数 ·············· **8**
平均値の定理 ·············· **68**
平均変化率 ·············· **42**
閉区間 ·············· **36**
変曲点 ·············· **79**
変数分離形 ·············· **153**
法線 ·············· **64**

ま行
右側極限 ·············· **34**
道のり ·············· **151**
無理関数 ·············· **9**
面積の積分公式 ·············· **146**

ら行
ラジアン ·············· **20**

スバラシク強くなると評判の
元気が出る数学 III・C Part2
新課程

マセマ

著　者　馬場 敬之

発行者　馬場 敬之

発行所　マセマ出版社

〒 332-0023 埼玉県川口市飯塚 3-7-21-502

TEL 048-253-1734　FAX 048-253-1729

Email：info@mathema.jp

https://www.mathema.jp

編　集	清代 芳生	令和 5 年 1 月 21 日　初版発行
校閲・校正	高杉 豊　秋野 麻里子　馬場 貴史	
制作協力	久池井 茂　久池井 努　印藤 治	
	滝本 隆　野村 烈　日並 秀太郎	
	間宮 栄二　町田 朱美	
カバーデザイン	児玉 篤　児玉 則子　橋本 喜一	
ロゴデザイン	馬場 利貞	
印刷所	中央精版印刷株式会社	

ISBN978-4-86615-280-6 C7041